人生确实是一场修行，

刚开始的时候，

我们总觉得是这个世界欠修理，

后来才明白，

欠修理的其实是我们自己。

好看的皮囊千篇一律，
有趣的灵魂万里挑一

老杨的猫头鹰 著

中国出版集团　现代出版社

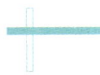

生活

不只有眼前的"够呛",

还有你读三遍都读不懂的诗意,

和八竿子都打不着的远方。

你长得一般般，却有着迷一般的自信，心里话常常是："也不知道，这么优秀的我，以后会便宜了谁。"

你自诩生性倔强，还有点儿感情洁癖，可这丝毫不影响你当个"老好人"，偶然看见了心动的某某，恨不得把自己免费送出去。

你既不会妥善地接受别人的"好"和"好感"，也不会恰当地表达自己的"爱"与"反感"。别人说一句好话，你就高兴半天；遇到一点儿冷遇，你就心凉半截。

你希望被人重视，又不想失去自由；你义无反顾地去爱，也被体无完肤地伤害。

渐渐地，你的心窝被扎成了马蜂窝，再遇良人，心里的那只小鹿却再也不敢撞了，像死了一样安静。

你能力一般般，却有异常坚定的信念，总觉得自己有一天能一飞冲天，而且这种感觉还异常强烈。

你有情怀，认为"生活除了眼前的苟且，还有诗和远方"，然后，你约了几个朋友，翻山越岭地去了"远方"。最后，你们在风景秀丽的地方围坐着，无聊地玩了三天手机！

你上进，觉得"一日之计在于晨"，然后，你起了个大早，酝酿好情绪，调整好灯光和坐姿。最后，你舒服地背了五分钟的单词，然后在朋友圈里臭显摆了两个小时。

你注重内涵，相信"腹有诗书气自华"，然后，你准备了文艺的大书架，劳心费力地挑选了精美的摆件和大批的好书。只可惜，你读书的进度远远赶不上买书的速度。

你惜时惜命，经常念的是："子在川上曰，逝者如斯夫，不舍昼夜。"现实中你却是瘫在沙发上喊："躺着真舒服，不想写作业。"

你总是这样，一边焦虑不安地担心未来，一边又大大方方地浪费生命。

你时常会怀念从前，"想得少，睡得早，喜欢笑"，可日子过着过着，不知道怎么就突然变得潦草了。

你本想做一个可爱的、有趣的人，后来却发现，光是为了不生气就已经竭尽全力。

你跟着别人喊口号："一辈子很长，要和有趣的人在一起。"可后来却发现，有趣的人要么是自己玩，要么选择了跟另一个有趣的人玩。

更无奈的是，曾经那个"化成灰"你都能认出来的人，如今化

所谓讨喜，

其实是讨来烦恼，佯装欢喜；

所谓讨厌，

其实是讨人喜欢，且百看不厌！

个妆，你就不认得她是谁了；以前吵完架泪眼婆娑地闹着要绝交、第二天分一袋方便面就能和好的人，如今却连"再见"都没说，就心照不宣地再也不见了。

　　甚至到最后，你们连是否要给对方点赞都需要反复掂量。

　　你什么都能理解，却什么都无法再相信；你笑得不再纯粹，哭得也不再彻底！

　　你看了无数的情商训练书，却依然没什么知心朋友；你听了无数的笑话，却依然没有幽默感。

　　你灵魂的温度越来越低，对躯体的自律越来越少。慢慢地，你对生活和交际失去了热情和耐心，对喜怒哀乐都不再敏感，你的锁骨、蝴蝶骨和下巴尖也都相继消失。

　　你意识到自己正在变得挑剔，因为想去主动联系的人，从几百个名单里都找不出一个；你意识到自己正在变得沉默并且无聊，就像是一座死火山。

　　你既享受着这种无聊的生活给你带来的安全感，同时又对它的索然无味感到绝望。

　　你就像一只趴在玻璃窗上的苍蝇，只觉得前途一片光明，却找不到出路。你的状态是活着，却也丧着。

你本是个"有理想、有道德、有文化、有纪律"的四有青年，慢慢变成了"有车贷、有房贷、有肚腩、有熊孩子"的另类四有青年，再逐渐演变成了"没梦想""没生活""没个性""没喜好"的四无青年。

那么，到底要怎样才能愉快地和这个世界打成一片？到底要怎么做才能活得体面并且充实呢？到底要怎样才能不被生活奴役？

我的建议是，去让灵魂变得热气腾腾起来，去注重仪式感，去变得靠谱，去守住自己的初心，去保护好疲惫生活中的英雄梦想，去拥有一颗有趣的灵魂……去做一个有种、有料、有趣的人。

我所谓的"热气腾腾"，是允许生活偶尔不怀好意，也相信它一定会有惊喜，而不是一头扎进人海里，假装和世界抱作一团。

我所谓的"仪式感"，是把那些普通的事和物，变得意义非凡；是用郑重其事的态度，去表达内心的庄重；是让某一天与其他的日子不同，让某一时刻与其他时刻不同。

我所谓的"靠谱"，是既有套路，又有诚意；是既能默默付出，也能做足表面功夫；是凡事都有交代，件件都有着落，事事都有回音。

我所谓的"初心不变"，是不会刻意为了谁而改变自己，但不会惯着自己一无是处；是去掉虚荣心、表演欲和自我感动之外，坦露出对真实自我的赤胆忠心。

我所谓的"疲惫生活中的英雄梦想"，是领教了这个世界的凶险与顽劣，还有勇气过"该吃吃、该喝喝，爱谁谁"的快意人生。

　　我所谓的"有趣的灵魂"，是懂得跟自己、生活以及世界相处；是在人人说假话的时候讲真话，在人情冷漠的社会里活得热闹；是在人心麻木的年代里活得热气腾腾……是将这无趣的世界活成自己的游乐场。

　　这样的你，不会以"犹疑加深"为代价去索取感情，不会以"脾气变差"为代价去增长本事。

　　这样的你，不怕独自一人，也不怕人潮汹涌；既能接住别人的明枪暗箭，也能保住自己的暖意与周全。

　　这样的你，有勇气对讨厌的人当面甩脸子，也有底气对喜欢的人说光明正大的情话。

　　这样的你，不会用"一直说废话"的方式来活跃气氛，不会用费力不讨好的热情去索取回应，也不会担心有什么队伍必须要跟上去。因为你知道，如果真的有什么是值得去赢的，那应该是赢得尊重，而非苟同。

　　希望有一天，你能和这个一本正经的世界擦出精彩绝伦的火花；也希望有生之年，你能幸运地成为别人冗长生命里有趣的某某。

PASSION IS FAR FROM US

所有不再钟情的恋人、

渐行渐远的朋友、不相为谋的知己、

都是当初你自茫茫人海中独独看到的他，

如今，

你只需再将他好好地还回人海中。

如此，而已。

十

什么叫不靠谱呢?

大概是，大家约好了一起出锤子，

结果所有人都出了剪刀，

他出了布!

目　录

什么叫"疲惫生活的英雄梦想"？
就是领教了这个世界的凶险与顽劣，
还是有勇气要过"该吃吃、该喝喝，爱谁谁"
的快意人生。

你所有的低气压，
都是因为你对自己太好了，
好得就像要追自己似的。

@ 所有人

生而为人，有四条建议：

一是别和猪打架，
二是别跑到猪设定的擂台上争赢斗狠，
三是别想着如何用猪的方式去打败猪，
四是和真正的人类做朋友。

要么热气腾腾，
要么死气沉沉

1

见过的女神挺多，但最难忘的却是个女神经，大家都叫她薇姑娘。

四月底的时候，薇姑娘从一老妇人手里买了两棵栀子花树。老妇人再三向她保证："一定会开花，一定会开花！"

薇姑娘左等右等，从劳动节等到了中秋节，这两棵树依然是一副"关我什么事"的样子，只顾着枝繁叶茂，就是不开花。

薇姑娘急了，破口大骂："什么玩意儿，都是公的吗？"

骂完之后，她就给树浇水、施肥，并且声情并茂地给两棵树读了几段丁立梅的《每一棵草都会开花》。

还有一次，我和她一起出远门。高铁上，她突然对我说："老杨，好无聊，好想做仰卧起坐 扎个马步什么的。"

我以为她在开玩笑，就没搭理她。结果，她起身就去过道里，当着众人的面做了两组仰卧起坐，然后扎了十几分钟的马步。她回到座位的时候，我用书遮住脸，假装不认识她。

见我不理她，她马上就找到了"消遣"方式——她从背包里拿出了画板。很快，她得意地向我展示了她的"杰作"——画板上的我被五花大绑，即将下油锅！

她还是公司里的开心果，是美食的风向标。谁要是有个不愉快，谁心里堵得慌，她三两句话就能给人逗乐；哪家火锅店最好吃，哪家的烤肉最有滋味，她都如数家珍。

当同事们因为加班而抱怨的时候，她却在朋友圈里大秀加班特供的工作餐何其美味；一堆人都在为集体出游的糟糕天气感到闷闷不乐的时候，她却在景区边和卖蜂蜜的老农聊起了挑选蜂蜜的门道。

你看，一个人的赏心悦目，不仅仅关乎年纪、身材和长相，还关乎穿的衣服、戴的耳环、挎的包包，以及皮囊之内的五脏六腑是不是热气腾腾！

对生活充满热情的人，总是能够将琐碎的、烦恼的日子过成短诗，而内心冷漠、情感贫瘠的人，最大的本事就是将"享受生活"变成"忍受某种煎熬"！

比如你，你意识到自己越来越挑剔，想打交道的人一百个里面都找不出来一个；你发现自己越来越喜欢沉默，就像是一座死火山。你既享受着这样的安宁，同时又对它的索然无味感到绝望。

可是，到底怎么和这个世界打成一片？你看了无数本交往秘籍，却依然没什么至交朋友；怎么将这个世界逗乐？你听了无数的笑话，却依然没有幽默感。

最后，你就像一只趴在玻璃窗上的苍蝇，只觉得前途一片光明，却找不到出路。你的状态是活着，却也丧着！

一个人，若不是为热气腾腾的生活奔走，那等着他的，就只有容颜和心态被生活碾皱。

当你陷入庸常的生活，在心力交瘁的边缘游走时，热气腾腾的灵魂就像是一个恰到好处的拥抱、一句落在心坎上的抚慰，它能指引你，怎样巧妙地反击这种枯燥，同时又提醒你，活着这件事，并不总是那么艰辛。

平平淡淡不是真，是真没劲。

就算，那些拥有大长腿的人，走起路来确实会很性感、美丽，但只有小短腿的你照样可以开心地蹦跶。

就算，那些出生在富贵人家的人，他们日日夜夜是灯红酒绿、吃满汉全席，但作为普通百姓，你照样可以一日三餐，顿顿津津有味。

我的建议是，别婆妈、别碎嘴，尽量去做点有意思的事情。如果非要有个顺序，那就先做有意思的事情里没做过的；尽早远离不合适的人，如果非要给"合适"立个参照标准，那就看他是增加了你对生活的好奇，还是削减了你对爱情的热度。

想买的东西，在力所能及的情况下，咬咬牙还是买了吧；想去的地方，在有条件的前提下，挤挤时间还是去了吧。钱不花，就不是自己的，景色不看，就是上帝的。

人生就是场体验，请你尽兴点！

遇到坏人，该拉黑还是得拉黑；遇到红包，该点就点。

粗茶淡饭不要紧，朋友散场没关系，兵荒马乱也无所谓，只要你拥有热气腾腾的灵魂，日子就不会差。

喜欢谁就去示爱，想要什么就大胆去异想天开，不被生活拒绝一下，

你还真当自己是仙女啦？

2

说到这，我突然想起了 T，他不是仙女，而是一个长得很糙的萌叔。

T 的萌，萌在出人意料上。有一次，他找几个下属开会，结果一不小心就到了半夜十一点。于是他就点了几份外卖，可时间过了很久，外卖还没送来，他打电话给外卖小哥才知道，送餐车坏在半路了，还在修。

几个下属听完就火了，忙着说要打电话投诉，T 二话没说，下楼弄了个自行车，骑了二里地，自己去取了回来。

那天晚上，他发了这样一条朋友圈："我才是你们的盖世英雄，在你们饥肠辘辘的时候，我会脚踏小单车，穿着高档西装，拎着鸡腿和意大利面来见你们。"

在旁人看来，T 很爱笑，也爱搞笑，他的口头禅是"像我这样，一大把年纪了还可爱得很，真是罪过罪过"。但我知道，他的笑容背后真的是咬紧牙关的灵魂。

　　T是从孤儿院出来的，用他自己的话说："我不知道自己姓什么，但我知道自己该信什么——努力！"

　　我和T相识多年，眼睁睁地看着他从一米八几的"胡子拉碴的竹竿"变成了一米八几的"仪表堂堂的竹竿"，更难得的是，他凭借一己之力，将原本两个人的公司变成了如今一百多人的小企业！

　　我问过T："回过头看，你的前半生其实挺传奇的。"

　　他的回答让我印象深刻："如果非要说这是传奇，那制造传奇的材料无非就是一个个庸常而枯燥的努力。"

　　很多人叫嚣着生活平淡无味，但却又在百无聊赖中草草度日；很多人抱怨着理想与现实相差太远，却也在碌碌无为中放弃追逐。

　　其实，每个人的成长之路都要面对两股力量，一股是冷酷的，另一股是充满希望的。

　　冷酷的是，随着年纪的增长，不管你变成了什么样子，强壮还是瘦弱，出身豪门还是草根，你都要承担生活给你的重压。你会发现自己的自由越来越少、可以活动的空间越来越小、能够掌控的东西越来越稀少，很多东西是在"砸"向你，而不是"呈"

给你。

而希望在于，你还是有逆袭的可能，你可以耗尽力气、赔上运气、赌上青春，用别人不愿意做、不屑于做、不敢做的方式去搬砖运瓦，亲力亲为地建筑自己的人生！

有句民谚是这样说的：外婆抱外孙，累死不一哼。用文艺的句子翻译一下就是最好的生活，就是我愿意，再直白一点说就是，即使是坐在冷板凳上，也要热气腾腾地工作。

别等到某一天，让你心动的人再也感动不了你，让你愤怒的事再也激怒不了你，让你悲伤的故事再也不能让你落泪，你便知道这时光、这生活对你进行了多么严重的迫害！

对一无所有的人而言，平平淡淡不是真，是真没劲；对生活寡淡的人来说，你可能有深度，却没有温度！

3

日本有一位叫柴田丰的老人，九十八岁才开始出版第一本诗集，名字叫《人生别气馁》，结果在日本狂销二百万册。

一百岁时，她还随时在手边放着镜子和口红，穿衣服讲求搭配，并要求精致。

她说："即使是九十八岁，我也还要恋爱，还要做梦，还要想乘上那天边的云。"

她说："请不要叫我老奶奶，问我'今天礼拜几''9＋9等于几'，拜托，请不要再出这类傻瓜题。"

那么你呢？

十几二十岁，你就一口一句"老了"；大学刚毕业，你就将人生目标设定为"如何抓紧时间偷懒"；工作尚未有起色，你就盼着换一个"铁饭碗"；异地恋了半个月，你就觉得度日如年；聚会才过了二十分钟，你就别扭得想停止心跳……

那结果必然是，所有你暂时追求不到的目标，都轻易地被你归类为"痴心妄想的目标"；一切你伸手够不到的位置，都成了你遥不可及的"远方"……

朋友喊你去K歌："走吧走吧，唱他一个通宵。"你摇摇头说："唉，不行啊，老了。"

旁人怂恿你去追女神："当年你喜欢的人还单着呢，去追啊！"

你摇摇头说："唉，没有那个劲头了，老了。"

闺密邀你一起去上个瑜伽课："咱们再使使劲，让青春留一次级！"你摇摇头说："一把年纪了，还扭什么啊！"

你整天把"老了"挂在嘴边，好像只要勇于承认这一点，了无生趣的生活就得到了宽恕。其实这只是自欺欺人罢了。

我的建议是，你要时刻与这个世界保持联系——保持对无常生命的热情、对庸常生活的好奇，只有这样，你才能在每年生日时理直气壮地说："哎呀，又要过十八岁生日了！"

管它呢，反正绝不多插一根蜡烛！

谁都会老，也都会死掉，真心希望最后的那一天，你能够拍着胸脯说："我从未做过的事情，就是从未；我从不做的事情，就是不做；我一直在做的事情，就是我活着的意义！"

做一个迷人的浑蛋，
善良但不故作喜感

02

十

1

上大一的表妹神经兮兮地跟我说："我快要爱死我的新室友了！"

我正看书，头也没转地回了她一句："她是不是个超级学霸，方便你抄笔记？又或者是个生活小能手，便宜了你这个大懒虫？"

表妹乐呵呵地说："才不是，她呀，是个迷人的浑蛋！"

"迷人？还浑蛋？"

见我满脑门的问号，表妹这才得意地夸起了她的那位新室友，我们暂且叫她C姑娘。

在C姑娘到来之前，表妹的寝室一共有三个人，其中一位跟谁都是"自来熟"：早上不想起床，就让表妹带个早餐；下午的选修课不想上了，就让表妹报个"到"；周末的快递到了，一定要等谁去"顺便"帮她带回来……此外，借面巾纸、借书、借电脑都是常有的事儿。最可怕的是，连牙膏她都借过！

时间久了，谁都难免会觉得她烦。然而，大家碍着面子从来都不曾流露出不爽的情绪。

C姑娘来的第二个星期五，那个自来熟的室友还是像往常一样，随手就用了C姑娘的纸抽。C姑娘走到那个人面前，冷冷地说："你懂不懂礼貌？没经过我同意，怎么能随便动我的东西？"

那位室友一下子被问住了，反问道："两张纸抽而已，有什么大惊小怪的？"

C姑娘冷冷地说："首先，拿别人的东西之前要打招呼，这是最起码的礼貌；其次，我们还没有熟到不用打招呼就乱动东西的份上！"

站在一旁的表妹也被镇住了，不仅因为C姑娘说出了她一直想说却不敢说的话、做了她想做不敢做的事，还因为这个看似文静的漂亮姑娘，居然是一个如此"不好惹"的角色。

在与C姑娘相处一段时间之后，表妹发现，C姑娘很少参加同学聚餐，她的朋友圈子不大，但十分固定。不太熟的人根本走不进她的圈子，当然了，她也很少跨出自己的圈子。

她从不主动和陌生人说话，能用百度地图的时候绝不动嘴问路；她也敢用白眼去拒绝男生的搭讪；实在是有不得不回答的问题了，她往往都是一问一答，一个字都不会多说！

但在C姑娘自己的圈子里，她其实很活跃，不仅健谈，而且有趣极了。她和圈子里的人轮班当圈子活动的组织人，各种摄影比赛、辩论赛、登山活动、募捐活动……忙得不亦乐乎。

表妹不解地问C姑娘："你其实是个很热闹的人，为什么天天摆出一副'生人勿近'的样子呢？"

C姑娘笑着说："因为我不可能做到和所有人都成为真朋友，就像我不会对每个人都冷漠一样。朋友是选着交的，不是用廉价的笑讨来的。"

对于那些习惯了占便宜的人，你付出得和牺牲得越多，他就越觉得"噢，我已经见怪不怪了"；你妥协得和退让得越多，他就越觉得"哦，原来还可以继续得寸进尺"。

对于不喜欢的人和事，你就应该态度明确地拒绝；否则，你的纵容和妥协就会变成某种情绪的癌细胞，它会一点点地吞噬掉你原本清爽、健康、快乐的生活，最后让你过上一种烂掉的人生！

是的，这样做，别人也许会觉得你"高冷"，甚至怀疑你有"社交恐惧症"，但实际上，你只是不想跟他们打交道而已。

在我们周围，有两类人不怕麻烦人，一类是不讲规则，不知道什么是底线；另一类是相信自己还得起！

同样有两类人不怕得罪人，一类是满脑子的"爱谁谁"，任性、自私、无所谓；另一类是强大到能够承担后果，同时也相信别人惹不起！

所以，能不能麻烦别人、该不该怕得罪人，你要自己多掂量。

在懂事之前，你巴不得把自己的天真、善良、热心都写在脑门上，恨不得对每个新认识的人都掏心掏肺；但在懂事之后，你又恨不得拿起笔在脸上写着："我很冷酷，不讲人情，容易让人失望，生人勿近。"你宁愿让新认识的人觉得你自己是个浑蛋，也不要日日夜夜扮演一个三百六十度无死角的烂好人！

敢做浑蛋的好处是，别人会从你的缺点里慢慢发现一两个优点。

而一直扮演好人，只会慢慢让人觉得"你本就是好人""你就该帮我"。

所以，对于自己喜欢的人和事，你要继续满腔热情；而对于自己不喜欢的，你不仅要冰冷，还要变成巨大的冰山——让他们靠不上来！

2

胡先生谈恋爱已经有两个多月了，但从来没有见过他在朋友圈里秀一秀恩爱。基于八卦的好奇心，我私信问了他："恋爱中的大暖男，感情戏演到哪一出了？"

他回复了我八个字："若即若离，生死难料！"

原来，他碰到了一个自己心仪的女生，她什么都好，除了不太喜欢胡先生。

一开始，两个人还只是在微信上聊天，早上说"早安"，晚上说"晚安"，偶尔再聊一些鸡毛蒜皮的小事……聊着聊着，两个人的关系慢慢变得暧昧起来，会一起吃饭，偶尔再看场电影，甚至，还接过吻……

也许是女生的某些回应给了胡先生积极的暗示，所以胡先生率先宣布自己结束单身。但好景不长，胡先生却发现女生还是到处宣布自己的"单身"身份，胡先生蒙了，他一再追问，女生却总是顾左右而言他地回一句："早点儿休息吧，下次再说这个。"

就这样，一拖就是四个月。胡先生在这场类似爱情的猜谜游戏中精疲力竭，他想过松手，可又隐约觉得"也许还有戏"。

那天晚上，我给胡先生留了一句话："你值得睡上一个好觉，不要再为了那个睡得很香的人而失眠了。"

无论情路如何，切记不能自我折磨，这样做的结果大多是：感动了自己，恶心了别人。

大约一个星期之后，胡先生找我聊天，说彻底结束了那段关系。他说："我以前也想过算了，但都被她简单的几句'我们再试试吧'给挽回了。但经过了这一个星期的思考，我知道，她只是需要陪伴，而不需要我，所以我们根本就没有可能。"

　　我理解胡先生的纠结和不舍。比起那些你追了很久却没能在一起的，最可怕的是这些以假爱之名闯进你的生活，在你慢慢适应她的存在、接受她的围绕时，她却逐渐表露了真心实意："或许我们不合适，先试试看吧"。

　　可是，爱情这种事情，要么是爱，要么是不爱，根本就没有"试试看"啊！

　　他三天没回你的微信，你就开始胡思乱想起来："是不是我哪句话说错了？""是不是我哪里惹他不高兴了？""是不是他讨厌我了？"……
　　最终你会发现，其实都不是，他不理你，只不过是在陪比你更重要的人、做比陪你聊天更重要的事罢了。

　　所以，千万不要因为喜欢一个人而无条件地退让，也不要因为害怕回到一个人而独自维系。你要学会聪明地结束，而不是为了一个错的人，坏掉了自己对爱的信心。
　　更不必在这种事情上折腾自己，反思是不是自己哪里不够好，考虑如何退让才能让对方喜欢自己，不必！你唯一需要检讨的，就是为什么没有让他快点走出尔的人生。

切记：那些不清不楚的你情我愿，早晚要用恩断义绝来偿还！

3

那么，什么是"迷人的浑蛋"？

我觉得是这样：他冷热分明，爱憎分明，酷得像晚秋的风，潇洒得像森林里的鹿，不讨喜，却自由。

迷人的浑蛋活得有底气、有尊严，也有原则。

他绝不会偷偷摸摸地练"九阴白骨爪"这样阴险、邪恶的功夫，也不会私自练"葵花宝典"这样自残、自虐的功夫，他们不放暗箭，也不借刀杀人；他不怕独自一人，也不怕人潮汹涌。

他会努力去学光明正大的"降龙十八掌"和内功深厚的"易筋经"，以便能接住别人的明枪暗箭，保住自己的暖意与周全。

他在年纪轻轻时就"老了"，有一颗温热的、稳固的，同时也满是抬头纹的心。然后，时光打磨，他慢慢变得年轻起来，年轻得像个无所畏惧的浑蛋。

他就像是学生时代的同桌，你上课找他说话，他就举手告诉老师；你下课对他调皮捣乱，他就不管不顾地去教务处揭发你。可是呢，成绩名列前茅的是他，体育场上领跑的是他，老师喜欢的是他，被同学记住的还是他，尽管他看起来不好惹、不热情。

除了外在的优秀，他还有其内在的强大；既能够尽情尽兴地给讨厌的人甩脸子，也能光明正大地和喜欢的人说情话。

所以，请你自顾自地美好起来，照看好自己的身体和灵魂，看书、运动、修身养性，努力去获得知识、开阔眼界，并且自成格局。

哪怕你的朋友圈里点赞数寥寥无几，哪怕你正在被一个小团体边缘化，哪怕你不了解周围人在议论的热播剧，哪怕你从不点开微博上的热门话题……

这一切其实没什么大不了的，不要让你的生活被费力不讨好的对话填满，也不必担心有什么队伍必须要跟上去。

如果说，真有什么是值得去赢的，你应该赢得尊重，而非认同。

十

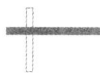

那些不清不楚的你情我愿，
早晚要用恩断义绝来偿还！

对于不靠谱，
事不过二

03

十

1

Zona 失恋的第二天，用小号发了一条微博："我瞒着所有人，继续爱你。"然后 @ 了那个男生。我的第一反应就是，"纯属欠骂"！

我见过 Zona 的那个前男友一面。平心而论，他确实很招人喜欢：长得帅，笑容很干净，对谁都有礼貌，关键是嘴还甜。但所有和 Zona 关系不错的人都知道，这个男生有一个不容原谅的臭毛病——花心。

基于大学四年建立的革命友谊，我准备苦口婆心地劝 Zona。可当我打开和她的对话框时，发现半个月之前，我已经劝过一次了。再往前翻，发现两个月前也劝过一次……

在他们三个月的爱情短跑里，闹分手的次数竟然高达八次。而原因竟然是一样的：男生和某某女生不清不楚地暧昧着。

我问 Zona："这恋爱谈得有什么劲儿呢？"

她回我："是呀，特没劲，可舍不得呀，他太好了，我太爱他了！"

我反问道："他好跟你有什么关系？你爱他跟他有什么关系？就算他有一万个优点，就算你对他情深似海，他不爱你，他就拥有一票否决权！"

"他应该是很爱我啊！"Zona 强力解释道，"他如果不爱我，为什么每天晚上都给我发'晚安'？而且，每次分手都是我提的，道歉是他先说的。"

我说："你能不能别傻了，八点半就说的'晚安'更像是在说'今天就聊到这了，你可以闭嘴了'；习惯性地道歉，就像是在说'这次就这样了吧，伤害你的机会多着呢'！"

她回了我一个"哦"，就没说话了。我这才意识到，她要的不是我的道理。

于是，我给她发了最后一句话："夜别熬了，酒搁下吧，就算你睡得再晚，不想找你的人还是不会找你！"

其实我更想说的是：你看着他持刀而来，还指给他心脏的位置。分明就是你自己给了他伤害你的权利！

你早就明白，可能余生都不会再与他有任何交集了，却还在担心他过不好这一生。你内心的潜台词是："我再等一等吧，万一那个人对你不好，你可怎么办呢？"

于是，你将他当成了生活背景，他却当你是路人甲乙丙丁；他逐渐变成了你的不知所措，而你始终是他的不痛不痒……

最后，你视他如命，他当你有病。

你心里忐忑，你怕他有多快爱上你，就会有多快爱上别人。可你却选择了自欺欺人，总以为只要自己是最努力的那个人，他就会不再矜持地来表白，不设底线地对你迁就，然后和你成为一对有故事的人。

你被自己对他的一往情深感动了，在你的心里，被爱的人，那就是唯一呀！可实际上，这份深情自始至终只是感动了你自己。

最后，他是你的恋爱对象，你是他的练爱对象！

痴情人所谓的故事，其实都是事故。无非是，以主动打扰开始，以

自觉多余结束!

那你还犹豫什么? 那你还哭什么? 熬夜和不吃不喝, 这些算什么?

别再捧着一颗红心去叨扰他了, 你给他发的每一条消息都像极了一场冒险, 而赌注是接下来一整天的心情好坏, 值吗?

我担心的是, 你热情洋溢地对他讲完, 得到的仅是尴尬!

真的没什么非他不可 也没什么不可失去。愿意留下来的人, 就好好相处, 彼此信任; 想要远走的人, 就挥挥手说一声抱歉, 恕不远送。

从 "有你真好" 到 "没你也行", 这中间的弯弯绕绕, 他真的不必知道!

再说了, 他本就是个凡人, 只是你的喜欢为他镀上了金身!

记住了, 对于不靠谱之人, 事不过二。第二次的信任并不是给了他一个改错的机会, 而是给了自己一个再受伤的 "机会"。

我的建议是, 在遇见一个真正靠谱的人之前, 你得先让自己靠谱起来。

真正靠谱的人，他的人生清单里不会只有爱情，还包括事业、友情、亲情、兴趣、爱好等。即使爱情出现了状况，其他的部分还很正常。只要这些大框架还在，他的人生就不会因为某一个部分暂时的缺失而停止运转。

一个善意的提醒：上天不会亏待痴情的人，他一般是往死里整！

2

"合作伙伴和恋爱对象一样，但凡是不靠谱的，别等事不过三了，要事不过二。"第一个告诉我这番道理的人是老 K。

老 K 是我的大学老师，老 K 并不老，是个不到四十岁的瘦高个。平日里和学生们打得火热，经常在群里和几个学生扯皮拉筋地开玩笑；工作之余就带领几个高才生写论文、做学术，各种奖金拿到手软。然而，就是这样一个外在温文尔雅、内在有高级趣味的人，每年都会拉黑三四十个人。这些人有一个共性：不靠谱。

说好月底交稿的，有人能拖到第二个月底；说好周五下午三点吃饭的，硬是磨磨蹭蹭地到晚上七八点；说好ＡＡ制的聚会，偏偏能扭扭捏捏地假装不知情……最可怕的是，本来是几个人合作完成的学术论文，居然有人单独署名发表，将大家的劳动当作免费午餐。

我问老K："那也不能犯一次错就拉黑吧？你总得给人解释的机会呀！万一是真堵车？万一是真忘了呢？"

老K说："我当然会给他解释的机会，但机会只有一次。合作伙伴尤其要遵循'事不过二'的原则，那些不懂尊重别人时间、精力、脑力的人，是这个星球上最不靠谱的生物！"

然后，老K说了一段特经典的话："工作上一而再地犯错，那绝不是能力问题，而是态度问题；社交中再而三地装傻，那不是关系深浅问题，而是人品问题。这样的人，怎么一起愉快地玩耍？"

有很多人，初次见面让人觉得惊喜不断、好感爆表。因为他的言谈举止，因为他的侃侃而谈，这些实在是太招人喜欢了，但来往了一两个回合，你就会发现他的内在根本就撑不起他的外在，他也根本没有能力来兑现承诺。这样的人连朋友都做不了，更别说共事了。

于是你的内心戏大概是这样的：从初识时的惊呼——"我的天啊，世界上怎么能有这么好的人"，慢慢就成了"我的神啊，地球上怎么会有这么不靠谱的人"。

装可爱是这帮人的通行证，写空头支票是他们的拿手好戏，大概也是因为得到好感太容易，这样的人往往就忽视了修炼真本事，忽略了真诚，空有套路，因此跟谁都长久不了，做什么事都和谐不了。

其实，不论是朋友关系还是合作关系，根基从来就不是情商、智商，而是真本事，是你的不可替代性、是你的真诚、是你的专业素养。

约好五点见面，就争取提前十分钟到场。早到才是准时，迟到你就玩完。

说好ＡＡ制的聚餐，就不要拖延支付。大方要趁早，不是仅凭嗓子好。

答应别人的事，就尽百分百地努力去做到。承诺是用来兑现的，不是随便说说的。

就算明知道是在走走过场，也烦请你不要随便笑场；即使你的角色是个跑龙套的，也拜托你演个死人别乱动！

这些才是你得到真心厚友、得到机会的前提，而非讨好的笑和虚假的诺言。

这是一个以"真本事为王"的时代，对你的着装十分反感的人，可能因为你完成任务的质量上乘，而愿意跟你喝咖啡、吃晚饭；这也是一个以"靠谱"为生存前提的时代，苛刻的合伙人可能会因为你在某些小事上表现出的靠谱，而愿意将你作为最佳的投资对象。

功利社会的游戏规则是，没人在乎你姓甚名谁，人们只在乎你能给他们些什么。所以，你着实不必为了他人去改变自己，但你也不能一无是处。

3

得意忘形时说出口的承诺，都兑现了吗？

怒火中烧时说过的狠话，后来打脸了吗？

苦不堪言时下定的央心，做到了吗？

守时、守诺、守责，你守了吗？又凭什么叫人信任你、重视你、尊重你？

假如你是聚餐、开会、约会时最后一位到达的，你还在习以为常吗？

是真的认为自己比别人更忙，所以时间总是不够用？还是真的觉得自己比别人聪明，所以选择让别人傻等？又或者是真的觉得自己比别人更重要，所以一定要压轴出场？

靠谱的人最基本的判断标准是时间观念。尤其是那些初次见面的合作伙伴，他对时间的把握能充分证明他对这次合作的重视程度。

你要相信，一个能把自己的生活和工作按照时间表安排得井井有条、不去肆意浪费自己和他人时间的人，在合作的过程中才会遵守规则和约定。反之，一个总迟到的人，他不仅轻易地消耗了别人对自己的信任、期待，也大大地贬低了自己在对方心目中的价值和地位。因为他不仅浪费了别人的时间、耽误了合作的进程，还让对方见识到了他的随心所欲和不讲原则、暴露了他契约精神的缺失，以及格局上的狭隘。

什么叫不靠谱呢？大概是大家约好了一起出锤子，结果所有人都出了剪刀，他却出了布！

当所有人都心安理得地闯红灯时，每个人嘴里都振振有词，每个闯红灯的理由也都不可抗拒。那些还站在原地等信号灯的人，甚至在你眼里是可笑至极的。但我想提醒你的是：越是被人当成异类，就越要拥有辨别是非的能力。比如闯红灯这种事，闯得好了，你也就是节省几十秒，可一旦闯得不好，人生就缩短了几十年。

靠谱的人往往有底线，不为所动。底线既可以是法律道德，也可以是职业素养，还可以是个人修养。因为这条底线的存在，他们会审时度势，懂得取舍和权衡，他们不会逞一时之快去贪图眼前的小利；也不会堕落成随大溜的人，变得个性全无。殊不知，底线全无的人不仅会失掉人心、机会，也有可能赔上了自己的前程，甚至是身家性命！

在这苍茫的大地上，能够呼风唤雨是一种成功，不被世俗左右也是成功。别人觉得"没关系"的事，不见得是对的，被人嘲笑不可怕，随波逐流才可怕。

博客红人张小砚有句话说得特别好："西藏不在拉萨，不在布达拉宫，不在大昭寺，它，在路上。川藏线上有两种人，一种是吹牛的，另一种从不吹牛，因为他本身就牛！"

那么你呢？当你在朋友圈里刷存在感，用 PS 过的照片来粉饰你无趣又生硬的生活时，你真的幸福了吗？当你在微博里用换了无数次滤镜掩饰过的照片来骗粉时，你真的骄傲了吗？

靠谱的人首先是踏实的，关键是真的有本事。他们靠"走的弯路"和"吃的苦"来打动人心，靠"解决了多少难题"和"逼过自己多少次"来赢得事业上的成就，靠"说到做到"和"想要什么就去争取"来收获信任。

反之，那些总盼着人生处处开绿灯，处心积虑地找生活的 bug 来玩人生这场游戏的人，初相识能给人"他能够呼风唤雨"的牛气印象，但打了两回交道就知道了，"哦，他其实只是个吹牛大王"。

希望有一天，你回首往事，可以这般傲娇地说：我以前可是个吹牛大王呢，是天下第一大话王，可是现在我"退步"了，所以只能说到做到。

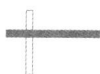

十

工作上一而再地犯错，

那绝不是能力问题，

而是态度问题；

社交中再而三地装傻，

那不是关系深浅问题，

而是人品问题。

努力得不彻底，
就会活得很拧巴

04

十

1

晚上十点半，我正准备睡觉的时候，张敏突然给我发了一条微信："老杨，今天是我的生日。"

我客套地给他回了一条祝福短信，另附上一个生日红包。结果红包他没点，而是发来了一大段话，全都是说他在工作中的焦虑和生活里的种种不如意。

他在结尾处写道："我到了连午休时间都要拿出来相亲的年纪，好像全世界都在替我着急。可我的存款几乎为零，有时为了尽孝，还得借钱往家里寄！"

张敏是个"北漂族"，大学毕业后就只身一人到北京打拼，在地铁口摆过地摊，在早市卖过煎饼果子……如今是一名有着三年工作经验的售楼员。

我问他："记得你曾说过，说北漂是为了圆自己的音乐梦想，还说要组一支乐队呢。"

他回答我："小孩子才说梦想，我现在只想有套房。"

我在他的朋友圈里翻了很久，总算找到了那条初到北京时发表的"梦想宣言"。他是这样写的："没有一颗心会因为追求梦想而受伤。当你真心渴望某样东西时，整个宇宙都会来帮忙。"

谁承想，只是过了三五年的时间，他的梦想就崩塌了，并且无限地接近于一个怨妇。

点开张敏的朋友圈，签名档赫然写着王尔德的那句名言："我不想谋生，我要生活。"可朋友圈里却找不到一丁点他为买房、为避免谋生而努力的痕迹，多的是对工作的怨念和对生活的不满。比如变态的交通、糟糕的空气、路人甲乙丙丁的不友好眼神和语气、同事某某的家长里短、娱乐明星的八卦新闻……偶尔会有一张绿萝的照片，在背景里能看到横七竖八的鞋子和袜子。

要我说，你是努力得不彻底，所以活得很拧巴。

人性的丑陋之处就在于此，凡事太容易原谅自己，又太擅长迁怒于其他！

比如找工作，毕业时没找到，你就想着可以考研；赚钱的职位太辛苦了不愿争取，你就想着找个赚钱少一点但不太辛苦的。

比如出门旅行，买机票太贵了，你就盘算着买火车票，"反正能到目的地就行"；星级酒店太贵了，你就自我安慰"青年旅社也不错"。

比如找恋人，觉得谈恋爱太麻烦，你就图省事，去相亲网站里约；与一个不合适的人相处得很累，你就自我麻痹说"没有天生就合适的两个人"……

很多时候，人生就是这样一点点被自己给"哄"没了的！然后，你只能抱怨，说工资太少，说生活太难，说遇人不淑……

你说你是个对钱没有概念的人——既不贪财，也不想着发财。那结果必然是，但凡是能用钱解决的事情，你一件都解决不了！

你说你是一个对生活有情调的人——不想谋生，只想要生活。那结果自然是，你的生活既没有积蓄，也没有头绪，只有没有原因的情绪和没完没了的头皮屑．

那你有什么好抱怨的呢？

你在人生的每一个岔路口上作出的选择，都是基于"容不容易"和"麻不麻烦"，而不是"喜不喜欢"和"适不适合"。那你又凭什么去抱怨命运，抹黑现实，同情自己呢？

你的怨天恨地只是在展示你的窝囊，你的愤世嫉俗只能体现出你的狭隘。你如今的每一秒都不过是在为曾经的选择买单罢了！

2

为了学画画，我在年初报了个学习班。这就认识了年近半百的漫画迷——大胡子先生。

每次上课，大胡子都是第一个到场。他会跟小他二三十岁的年轻人聊最新的漫画作品；也会有一堆的问题要追着老师问，三天两头的，他还会拿出几幅自己的新作让大家点评。

跟他打了几回交道，我也慢慢听全了这个老顽童的故事。

大胡子其实是一个私企的老板，据说相当成功，但他小时候却过得很苦。六岁时，在山头挖野菜的他目睹了一个流浪汉将一条流浪狗画得栩栩如生，便有了当画家的梦想。

但在那时，填饱肚子才是第一要务。稍大了一些，他就被迫去工厂里做工，再后来结婚，有了孩子，生活的重心也慢慢从"填饱肚子"转向"努力赚钱"，以期让家人吃得更好、穿得更好、住更大的房子。

他像个陀螺一样围着工作转，几乎没有一点时间陪家人，更别说当画家了。女儿出生的时候，他在边远山区的工厂里监督生产；妻子大病一场时，他也无暇探望，唯一出现在医院的一次就是出院时去帮妻子缴费。

他后来下海经商，用全部家当从银行贷了近百万。结果是，银行三天两头催他还贷款，他回忆说："很长一段时间，我是不敢生病，也不敢死的！"

直到四十八岁那年，一天，大胡子凌晨三点才忙完工作回到家。进屋时，他习惯性地蹑手蹑脚，恰巧上厕所的女儿看见了，女儿喊了他一句："爸，你回来了！"

他一下子就呆住了，眼前这个十八岁的姑娘居然是自己的女儿！他倒吸了一口凉气："天啊，这些年我都干吗去了，女儿居然都这么大了。"

从那时起，他才有意识地从繁忙的工作中抽离出来，选择了相信同事和下属，而不再事必躬亲；他将更多的时间和精力用来陪伴家人，而不再只是当个"赚钱的机器"。

也就是从那时起，他的画家梦被重新唤醒了。但是，对一个年近半百还患有泪囊炎的人来说，基本功的训练显得格外辛苦，为了完成一幅画，他五分钟就得擦一次眼泪。

我问他："你不觉得累吗？你觉得值吗？"

他笑呵呵地说："累是真累，值也是真值。"

我又问："那现在和从前相比较，你觉得生活有什么不同了？"

"太多了，"他说，"我曾经苍老，如今风华正茂。"

其实，命运是个爱搞事的角儿。为了不让实现梦想的路上人满为患，它会故意让一些人迷失方向，让一些人走进死胡同，再让一些人撞上暗礁……没有目标的人只能劳神费力地在人海里游，躲着坏人，避着强人，然后随波逐流！

目标坚定的人则会想方设法地走出困境，调整航向，然后重新找到正确的航线，乘风破浪。

诚如梁启超老先生所言："十年饮冰，难凉热血！"

那么你呢？

你没有机会多挣钱，也没有底气多花钱。你自认为"无聊"只是一时的状态，却忽视了它正慢慢变成你人生的常态。

你不愿意改变自己，而是习惯于替自己解释——"我从来都是如此！"但是你想过没有，从来如此，就对了吗？

你舍不得麻烦自己，所以学会了很多托词——"没有那个必要""我没有时间""以后再说"……

只是你别忘了，二十岁偷过的懒，都会变成三十岁困住你的墙！

3

遇见了几个烂人，你对感情的猜疑越来越多："我该不该放弃？""他是不是拿我当备胎了？"

过惯了有指令的生活，你的纠结就会越来越多："一会儿吃什么？""要不要看零点场的电影首映？""过节是回家还是找个小伙伴去旅游？""明天是穿短裤，还是短裙？"

工作的年头久了，你的激情越来越少，困惑就会越来越多："再坚持几年，老板会不会给我升职加薪？""天气这么糟糕，我今天是不是应该请假？""迟到了应该也没什么问题吧？""我得多拼命，才能避免今晚再加班？"

周末准备出门游玩的时候，看到竞争对手发了加班的消息，心里竟然莫名地紧张起来；晚上敷面膜的时候，听说同行的某某正在为了某个项目鏖战，居然会有些坐立不安。

于是，在家里端着咖啡晒太阳，竟然有种罪恶感……

别人的生活是：有干净的圈子、规律的生活、中意的人；每一夜都能安安静静、心安理得地入睡，每一天也能清清爽爽、精神抖擞地醒来。

你的生活是：拥挤不堪的圈子、毫无规律的作息、凑合着的恋人；每一夜都是焦虑不安地失着眠，每一天是心事重重、疲惫不堪地醒来。

别人的生活态度是：像少年一样热烈地爱，像老人一样平静地痛。你却是像老人一样毫无激情地爱，像小孩一样歇斯底里地痛！

这样的你哪还记得初心，哪还顾得上梦想？

你有庸碌着过此残生的自由和权利，但我还是希望你能活得再精彩一些。我希望你多看一些让你耳目一新的事物，而不是奇葩；我希望你多体会一些新鲜的感觉，而不是泡在糖罐里；我希望你多结识一些观点不同的人，而不为对错输赢；我希望你的一生充满了仪式感十足的郑重其事，而非搪塞着打发时日……

无论你是基于什么而屈服于生活，你都要给自己的梦想、初心留一些容身之地。

它们是你生而为人的意义所在，是你情怀的居所、道德的底座；是你不焦虑、不畏惧的前提，是你不妥协、不将就的资本。

什么叫"不忘初心"？就是剥离掉虚荣心、表演欲、自我感动的外壳，露出对真实自我的一片赤胆忠心。

什么叫"疲惫生活的英雄梦想"？就是领教了这个世界的凶险与顽劣，还是有勇气要过"该吃吃、该喝喝，爱谁谁"的快意人生。

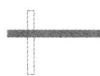

愿你出走半生，

归来能多赚点钱。

性格无趣，
所以人缘紧张

05

＋

1

　　每个人的朋友圈里都有一个活得风生水起的人，我认识的这位叫九姑娘。

　　九姑娘是那种能把平常日子过出花来的人。她不会允许自己稀里糊涂地打发时间，假期的消遣很多：玩滑板、摄影、画画、DIY手工艺品，当慈善活动的宣传员，做艺术品展出的志愿者，又或者组个小团外出写生，抓些小昆虫回家自己做标本……

　　她的"玩心"重，也很会玩，跟她做伴会特别轻松。去哪里玩、去哪里吃、去哪里住，坐哪一路公交车、换几号地铁，是自助游还是跟团游，吃大饭店还是特色小铺子，去人山人海的景点还是找野路子……她都会提前准备得妥妥当当的。

她贪玩，也宽容，她能冇自己身上挖出无数的笑点来，也能接受所有关于自己的玩笑。有处在，从来就不会冷场。

有一次，我在一家花店门口遇见了九姑娘，她正弯着腰、认认真真地在赞美一朵快枯萎了的花。见我笑得快站不直了，她一本正经地对我说："我是想让它多活两天，人家科学家做过实验了，说对一个培养皿里的细菌置之不理，对另一个培养皿里的细菌每天都说表扬的话，后者长得更茁壮。所以我……"

见我哈哈大笑，她手一扬，说道："一边儿玩去！"

原来，有趣的人一个人的时候也很有趣。

九姑娘自己玩得不亦乐乎，但并没有让家里人安心，毕竟，她还单着。在家里人三令五ヨ地逼迫之下，一个据称是"足以改变你命运"的男人出场了——他有钱、有权，可偏偏就是太无聊！

关于这一段，九姑娘讲出了单口相声的味道："那是个月黑风高的星期五，我们俩约在一家挺有情调的酒店见面。结果寒暄了不到五句话，他就开始跟我说伊拉克问题，转身又开始说南海局势。问他平时的消遣，他说除了工作就是工作，偶尔会翻翻四大名著；

问他日常兴趣，他说看新闻联播……"

讲到这时，九姑娘捋了捋头发，夸张地叹了一口气："唉，和他坐在满是绅士淑女的高档酒店里，居然让我有了被班主任请到办公室谈心的感觉。"

遇见一个贫瘠的灵魂，无异于经受一场劫难：你跟他吃饭，会觉得难以下咽；你跟他聊天，会觉得三观不合；就连干坐着，都觉得累。

无奈的九姑娘最后问了那男人一句："那你挣钱是为了什么？"

男人一脸疑惑地说："挣钱不就是目的吗？"

见九姑娘没再说话，大概是猜到了九姑娘的心思，说了句："那，做个朋友总行吧？以后你有用得着我的地方，我一定帮忙！"

九姑娘笑着说："咱们不是一个路子的，还是做陌生人更合适。"

有太多人在迷信交际的作用，恨不得把所有时间都花在"如何认识有用、有趣的人"身上。可是，在你没本事、没有利用价值之前，你除了给人点赞之外，其实什么都做不了。

过分地强调"人脉"的作用，一味地强调交友的作用，错误地以为：只要认识了某个大咖就能解决所有的人生困境，只要进入某个圈子就能拿到所有难题的通关密码，从根本上来说，不是懒惰，就是赖皮！

在这个强者如林的世界里，永远不缺少各式各样的成功者，也不缺千篇一律的好看的脸，可唯独，有趣的灵魂最难遇到。

有趣的人需要的不是那些点完菜就各自埋头玩手机的朋友，不是那种关上门就想不出聊什么的伴侣，也不是那种发完朋友圈就静悄悄地聚会，而是同样成熟、稳固、有趣的另一个灵魂。

一个无趣的人遇见另一个无趣的人，只会捆在一起烂掉；而一个有趣的灵魂遇见另一个有趣的灵魂，会因对方而熠熠生辉。

2

老舍先生是一个特别有趣的人。

有一阵子，他的朋友花了六百元买了一头花猪，这在当时是天价。于是，老舍每次去这位老友家都会专门去拜访这只花猪，偶尔还会给它作揖，因为在老舍看来："假若他（花猪的主人）与我共同登广告卖身，大概也不会有人出六百元来买我！"

嗯，你可以想象一下，一个老头子对着一头花猪弯腰作揖的情景有多滑稽。后来，这头花猪生了一场大病，老舍先生还专程去看望它，像看个老友。

有趣的老舍交的朋友也很有趣，代表人物是翻译家马宗融先生。马先生是个特别没有时间观念的人，但在老舍看来，他十分有趣。

比如约他晚上七点吃饭，他的行程往往是这样的：下午三点钟就出门，出了家门，他能与每一个路人聊上十几分钟，管他是老太婆还是小学生；如果路上遇见吵架的，他还会上去劝解；遇上某处起火，他得帮着去救；遇上有人追小偷，他必然得加入，并且非抓到不可；看见某种新东西，不管买不买，他都会问问价钱；看到戏院出海报了，不管看不看，他都会打个电话问有没有余票……如果看见谁新买了一根绳子，他马上拿过来练习跳绳……

等他到了吃饭地点的时候，饭局早就散了，他就不急不躁地原路返回，又照样是找人聊天、劝架、救火、追小偷、问价格、问余票……

你看，有趣的人就像是尘封的老酒，越相处越有味道。而无趣的呢，就像是开了瓶盖的可乐，放到后来，一点儿气都没了。

与有趣的人交往，就像是在读一个看点多多的故事，就像是欣赏了一部笑点多多的喜剧，就像是遇到了另一个相似的灵魂，共鸣感铺天盖地。

这样的朋友，不用拐弯抹角，不用寒暄。需要对方的时候就聊上一整天，想念对方了就一起去耍几天；不怕分享了自己的开心事使对方嫉妒，也不用担心自己的糗事遭到对方的鄙夷。两个人既不需要浮在表面的客气，也不必在内心深处戒备。

基于有趣而产生的友情，就像是两个人掏出各自的记事本，发现有些相同的念头和想法，有让彼此欢欣雀跃的类似爱好，记录过几段略显勇敢或愚蠢的过往，并被对方视为可爱。

除此之外，对方爱穿什么风格的皮鞋，喷什么味道的香水，专注过哪些人与事，又或者是无肉不欢、嗜甜如命……这些在另一个人看来，都无比合理，根本就无须在意。

3

交友其实是件很残酷的事，比如曾经那个"化成灰"你都能认得出的人，如今化了个妆，你就不认得她是谁了！

不信你看，以前吵完架泪眼婆娑地闹着要绝交，第二天见面的时候，抄一次作业、分一根火腿肠就能和好如初。如今呢，明明没有矛盾，却连"再见"都没说，就心照不宣地再也不见了。

甚至到最后，你们比陌生人还陌生，却连一句"为什么"都没有问出口……

最悲哀的事莫过于，曾经笑逐颜开的两个人，到如今已经陌生到连是否要点赞都要反复掂量的地步。

如果说真诚是友情的保鲜膜，那么有趣就是友情的防腐剂！

绝大多数人维系友情的方式却是这样的：年龄越来越大，性子越来越寡淡，不热衷于交际，却担心圈子太小；生活越来越平实，内心却又偏爱折腾；偶尔也会想着要聚聚，在一起时却又是在各自玩着手机……

所以，请你务必要珍惜那些主动找你说话，那些陪你聊天、逗你开心，甚至在你说了一句"嗯"之后依旧滔滔不绝的人，因为没有谁会吃饱了撑着来讨好一个自己不在乎的人。

三观一致这种事情是强求不来的。这就好比是他能喝烈酒，那你就让他自己去喝好了。千万不要为了附和他，为了证明自己和他三观一致而挑战自己的酒量极限。否则，喝最烈的酒唯一的后果是去最好的医院。

交到一个有趣的朋友是什么体验？大概是，你能保全自己的本性，同时对生活有了更多的期待。

就是那个人好像懂你购物车里的东西为什么要买，知道你为什么要把一本小说读八遍，也知道一起出门会逛哪些地方……那个人能把平淡的日子过出波澜，能把身边人的不快一扫而光，也能把快乐无限放大。

这一切，不是基于如数家珍的互相了解，而是你们对某一类东西都很感兴趣，然后觉得彼此有趣；这一切，不是基于四平八稳的泛泛之交，而是你们认可对方身上的那些莫名其妙，然后觉得对方很可爱。

有趣，其实就是"臭味相投"。

希望有一天，你能和这个一本正经的世界擦出精彩绝伦的火花；也希望有生之年，你能幸运地成为别人冗长生命里有趣的某某。

明明是游手好闲，
就别妄称是文艺青年

06

1

　　小表弟发了一条朋友圈："想做一条鱼，不洗澡也不会脏，每七秒钟就能拥有一个新世界，肚子胖到挺出来也很可爱，慵懒邋遢、好吃懒做，也不会感到难过。"

　　我的第一反应是："哟，好文艺！"

　　但第二反应是："你不就是懒嘛！"

　　小表弟已经二十四岁了，大学毕业一年多，身份还是一枚"待业青年"。家里人给他介绍了七八份工作，他都拒绝了，理由很多样："离家太远，大把好时光就会浪费在路上"；"工资太少，我要到猴年马月才能过上自己想要的生活"；"单休怎么行？单休毫无生活乐趣可言"……

大家对他已经无计可施，谁找他聊天，他满嘴都是"你说得对""是我的问题""是我做得不够好"……可聊完了，他还是照旧不想工作，平日里就是遛遛狗、逗逗猫、养养花草、泡泡茶，偶尔再作一两首诗，俨然一副退休老干部的姿态。

点开表弟的朋友圈，一股"文艺的潮味"扑面而来：配图是清一色的"黑白调"，内容则几乎全都冒着"忧伤的气息"。

比如"格桑花开了，在对岸，看上去很美。看得见却够不着，够不着也一样的美""我想用缩小电筒把思念变小，小到我再也看不见。用放大电筒把心脏放大，大到足以抵抗一切忧伤"……

话里话外就好像他的境界何其高远、感情何其纯粹似的。可实际呢，他连格桑花是什么都没弄明白，连恋人有没有都存疑！

他错把自己的游手好闲同理想主义混为一谈，以至于如果有人让他做点什么事情，或者发生了什么不如他意的事情，他就开始感慨生不逢时、怀才不遇，然后在朋友圈里发那句不知道发过多少遍的句子——"生活不只眼前的苟且，还有诗和远方"。

要我说，像你这样的人，生活不只有眼前的"够呛"，还有你读三遍都读不懂的诗意和八竿子都打不着的远方。

你觉得"世界那么大，也想去看看"，然后，你约了几个朋友，翻山越岭地出去了，最后找了一个风景秀丽的地方，几个人就一起静静地坐着，玩起了手机！

你听信了"一年之计在于春，一日之计在于晨"，于是你起了个大早，准备认真地读读书。你首先喝完了咖啡，吃完了早餐，然后化了一个迷人的淡妆，最后，你美美地看书五分钟，接着跟微信好友自夸了两个小时。

你也相信"书籍是人类进步的阶梯，书籍是造就灵魂的工具"，然后，你在家里准备了两个很文艺的大书架，并且费心费力地淘来了很多工艺品，摆上了整排的经典。只可惜，你读书的进度远远追不上买书的速度！

对于亲朋好友们给出的建议，你是"虚心接受，坚决不改"；对于摆在眼前的事和人，你是"不到非做不可的时候，能拖就拖；还过得去的关系，得过且过；不带命令的任务，能躲就躲"。

你把麻木当成了成熟，把无能为力过成了顺其自然。最后，面对镜子里那个糟糕得像是"移动的灾难"一样的自己，你竟然也"无忧亦无惧"地忍了！

我再强调一次，无论怎样，都别对岁月啊、命运啊心存幻想。因为岁月、命运一般不怎么爱搭理游手好闲的你，就算勉强搭理，它们也是"墙头草"，今天告诉你"别急别急，你想要的，我都会给你"，明天你管它要的时候，它又跟你说"命里有时终须有，命里无时莫强求"。

2

经常听人说，条条大路通罗马。但还有一些人，就像是出生在罗马！

Q就属于"还有一些人"。但生在富贵人家的他从骨子里就反感"游手好闲"的生活。他本可以在老爹的大公司里做个甩手掌柜，过着浪荡公子哥的安逸生活，可他偏偏选择了自己去创业，而且拒绝了家里人任何形式的帮扶。

回想起来，在我与Q相识两年多的时间里，他几乎没有休过长假，参加聚会也是屈指可数，再加上频繁地出差和没完没了的会议，他忙得就像是个"假的富二代"。可即便如此，当同龄人步入社会之后就精神萎靡、赘肉横飞的时候，他却依然是体态匀称、风度翩翩。

关于忙碌和闲暇，Q 的见解颇为独到："忙里偷闲，才更加懂得清闲的乐趣。只有在工作堆积如山的时候，我们才可能说自己是在享受闲暇。当你一直是处于无事可做的状态时，空闲就变得很无趣，因为空闲成了你需要忍受的事情，它远比忙碌更磨人！"

细想一下，还真是这样。

闲懒和恋人的吻一样，只有当你发现它被人盗走了，才会更深刻地知晓它有多甜。

人太闲了，就会胡思乱想，想多了就心慌意乱，这就是传说中的"闲得慌"。

而人心一慌，就会滋生出一堆臭毛病，比如矫情、敏感、鸡毛蒜皮的事多，自己难受不说，周围的人也要跟着遭殃。

更要命的是，一个人闲惯了，他稍微一努力，就以为是在拼命；稍微费点心，就觉得别人是在谋他的财、害他的命。这样的人，终究是出不了成绩、交不到朋友的。

很多人会说："我就是喜欢这样闲来无事的生活，人活着就是要做自己！"

嗯，你确实是不被意见左右，不在乎别人的眼光，并忠诚于内心，这很好。但是，不被意见左右，不等于工作学习随心所欲；不在乎别人眼光，不等于说话不着调、做人不靠谱；忠诚于内心，不等于遇事退缩。

真正的做自己是坚持自身优秀的、合理的部分，而不是落后的、不堪的部分。可是有太多人在说完"我要做自己"之后，就摆出一副"我懒我乐意，我穷我甘心"的姿态。这哪是做自己，分明是揍自己。

一个人想要成长，绝处也能逢生；可如果你要堕落，神仙也救不了你。

对于那些喜欢"闲"的人，有必要重提一下"人生的四大悲剧"这个话题，如今衍生了很多个版本。

比如，"穷得没钱做坏事，熟得没法做情侣，饿得不知吃什么，困得就是睡不着"。

比如，"久旱逢甘雨，一滴；他乡遇故知，债主；洞房花烛夜，隔壁；金榜题名时，重名"。

再比如，"见识配不上年龄，容貌配不上矫情，收入配不上享用，能力配不上梦想"。

好担心你看完这些，发现自己的人生有"十二大悲剧"。

记住了，人生的真相绝不是"万事开头难"，而是，开头难，中间难，结尾也难。所以，别再去劝说那些明知道前路坎坷却依然执着前行的人，你真的以为他们是瞎子吗？

3

电影《等风来》里有一段经典台词："出去演演游客，村儿里体验一下生活，拜个佛留个影，您就顿悟了？那我要扎在静安寺磕半年头，是不还能成活佛？还没高调的资格呢，就嚷嚷着要低调；还没活明白呢，就要去伪存真。这是一种最损己不利人的行为！"

那么，为什么那么多人对"假装文艺"这种损人不利己的行为乐此不疲呢？

答案很简单，因为伪装文艺是成本最低的炫耀方式。尤其是在你尚且一无所有、人微言轻的时候，标榜个性、刻意表现出与众不同来，无疑会显得很独特。因为活得没有底气、暂时看不到未来，于是只能傲娇地喊着："我就是我，是颜色不一样的烟火。"

要想知道自己是真的文艺青年，还是游手好闲，有一个特别简单的检验方法：当你将布艺长裙换成 T 恤衫，将网络上收集的段子都删了，将诗和远方暂时忽略掉，然后断开 Wi-Fi 和社交平台，你看你还能不能发自真心地赞美眼前的生活，而不再依赖 PS 软件或各种滤镜；你看你能不能生动地表达出自己的感情和喜好，而不借助于段子手或名言警句；你看你能不能正视内心与现实的冲突，而非掩饰；你看尔能不能活得有血肉有情义，而非一具空壳。

当你的能力是不可取代的时候，你的弱点才能被人忽视。同样的道理，当你的本事到了尤于常人的地步时，你的文艺生活才能被人真正地关注并推崇。

你学别人说"一切都是最好的安排，失去铁斧，神明会给你金斧；吃了毒苹果，会等来王子一个吻"。可实际上，若失去了铁斧，你就得去徒手劈木头；吃了毒苹果，你得去洗胃。

真正的文艺是，看起来无所事事，实际上无所不能。

同样是读书，真文艺的人是发自内心地喜欢某本书，并且能读出书中的趣味来，甚至有可能"学以致用"。而假文艺只是将书当成表演的道具。

同样是讲情怀，真文艺的人有让情怀落地的具体规划、具体途径，以及付诸实践的努力和勇气。而假文艺是将情怀当成表演的旁白。

同样是向往诗意和远方，真文艺的人往往是脚踏实地地为自己找到去远方的方法，并在当下的生活中不断反思、不断沉淀智慧、不断积累，并且有随时去远方的本钱和条件。而假文艺是将诗意和远方当成了表演的台词。

所以，拜托你别再逢人就摆出一副"我很文艺、我很贤惠"的姿态了，你呀，压根儿就是"闲得什么都不会"！

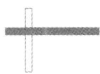

十

真正的文艺是，

看起来无所事事，实际上无所不能。

不要和消耗你的人在一起，
也不要成为消耗别人的人

07

十

1

情人节是撒"狗粮"的好时节，可偏偏在这一天，慧子晒出了分手信。

她的配图文字是一句英文："Yesterday，you said tomorrow."

看得出来，她舍不得。

慧子曾是校文艺部副部长，追求她的人很多，但到目前为止，她只谈过一场恋爱。这场恋情是从大四开始的。

大四是一个奇怪的恋爱季节，有很多人在忙着分手，另有一大批人在忙着示爱，追求慧子的男生属于后者。

当时的慧子以交换生的身份被学校安排前往英国某大学学习。在半年时间里，这个男生开启了疯狂地说早安和晚安的模式，而且全部都换算成伦敦时间。慧子早上一睁眼，打开手机就是暖心的"早安，现在是北京时间下午两点十分"；她要睡了，男生马上就会对她说"晚安，现在是北京时间清晨五点四十"。慧子发的所有微博、朋友圈，他都会一一点赞；然后私信她，说一些平日里的见闻和趣事……

就这样，两个人顺其自然地谈起了"越洋恋爱"。

当慧子返回学校时，已经是毕业前夕，男生信誓旦旦地承诺道："工作两年我就买房子，然后娶你！"就是这个"空头支票"，却让慧子铁了心："这辈子非他不嫁。"

然而，在毕业之后的四百多天里，男生换了七份工作，至今依旧是不稳定的状态。且不说没有买房子的能力，连养活自己都成了问题。慧子很着急，她急的不是物质条件不好，而是"娶你"的承诺被无限期搁置。

除了对工作没热情，男生对慧子的热情也日趋冷淡：以前的"晚安"变成了"倒头就睡"，以前的"惊喜"变成了"讲理"，以前的"哄"变成了'轰'……

　　另一方面，他和其他女生勾勾搭搭的事情像花边新闻一样经由朋友们之口传到了慧子那里，再加上朋友圈和微博里的暧昧留言，慧子心里的无名火呈现出燎原之势。她需要他自证清白的解释，但他能给的永远是"你要这么想，我也没办法"。

　　我私信问慧子："你什么时候觉察到你们走不下去了？"

　　她说："当我发现他给我回复消息的速度，从秒回，变成了轮回！"

　　我呛声道："你们恋爱三十多天的时候，他差不多就是这德行了吧？如今都三四百天了，你居然还说这种不靠谱的理由？"

　　她回复我："其实我是昨天晚上才想明白的。在故事的最开始其实就有问题，我以为他是自己人生里最不能错失的那个唯一，但到现在才沮丧地发现，他不是非我不娶，我不是非他不嫁，这只是个伤人的误会罢了。"

　　她又补充道："我还明白了，他爱我是真的，他喜欢别人也是真的。他的感情就像是不限量的商场传单，经过的人，都人手一份，并非单独给我一个人的。"

　　原来，一个晚上可以想明白这么多，可偏偏世人总是喜欢马上作决

定，又或者迟迟不能决定，以至于不是荒谬地选错，就是犹犹豫豫地受尽折磨。

一段恋爱关系中，爱得深的那个人特别容易陷在爱情里，一边念念不忘，一边又无能为力。

在这个僵持的过程中，占有欲会使你变得狭隘，控制欲会让你变得自私，"疑神疑鬼病"会唤醒你敏感的神经……让你在这份爱里变得越来越不像自己，越来越像个神经病。

你不仅丧失了爱一个人、信任一个人的能力，同时还因为太过用力地爱而失去了你自己。

你宁愿错，也不愿错过。

结果呢？你心有所属，却无处安放；他爱得不够，还借口多多。

比起受困于一个漏洞百出的誓言而隐忍地一个人苦苦坚守，洒脱松手才是度过这场劫难的唯一方式；比起为了遮掩千疮百孔的爱情而自我牺牲式地维持一个幸福的假象，豁达分手才是真正地放彼此一条生路。

我的建议是，去找个理由，重新开始；也找个借口，到此为止。

如果说，你的快乐人生是一部跌宕起伏的连续剧，那么那个他，不过就是某一集开始之前的弹幕广告而已。不必念念不忘，趁这个空隙，去一趟洗手间吧。

还是那句话：所有不再钟情的恋人、渐行渐远的朋友、不相为谋的知己，都是当初你自茫茫人海中独独看到的他，如今，你只需再将他好好地还回人海中。如此，而已。

2

有人喜欢用这样的句子来安慰自己："命运要你成长的时候，总会安排一些让你不顺心的人或事刺激你。这是规律。"

但有时候又难免会疑惑：这刺激的频率会不会太高了点儿？

曾经频繁刺激我的这位，暂且叫他 Z。

Z 是我之前就职公司的策划主管，那时候的我刚大学毕业，对这样的前辈自然是言从计听。但相处了一个星期，我就被他"打败"

了。比如他在电话里让我修改某句话，几秒钟就能说明白的事情，他每次都能说半个小时。如果换成是我提建议，他总是在我陈述结束五秒钟之后才缓过神来，再补上一句："啊，你刚才说了什么？"

他是前辈，我是后生，这样的"待遇"倒也还能忍，可怕的是，平时闲聊的话题，他总要争个对错输赢。"伊拉克战争该不该打？""声控灯有没有起到节能的作用？""公司新配的电脑好不好看？"类似这样本该是各抒己见的事，他都要跟你较真到底。

更可怕的是，我永远不知道在什么时候、因为哪句话就启动了他的"战斗程序"。到末了，我就这样反思："嗯，都是我的错，我长个嘴巴就不应该说话，我就不该出现在他的面前，抢他的氧气！"

Z还是整个公司的"意见愁"。除了工作上难以相处之外，每逢聚餐，他还要让每个人向他敬酒，然后听他说一段生硬又俗套的祝酒词，这顿饭才算真正开始。若是谁不敬他的酒，或者忘记了这个环节，那么他能在酒桌上摆两三个小时的臭脸！

原来，有些人出现在我们的生命里，就是为了证明：世界之大，无奇不有。

交往不求心有灵犀，但求不要浪费彼此的时间和精力。可我们周围总是有这样"以杀死别人的脑细胞为己任"的人。

说自己的事情时滔滔不绝，巴不得把每一个细节都跟你情景再现三遍，可轮到你讲自己的事情时，他不是在玩手机，就是在打哈欠，就好像他不是在和你交流，而是在浏览最无聊的网页。

应允你的倡议时比谁都快，满口的"行行行"，可一转身，不是在接电话就是在找手机，全程一副忙得冒烟的状态。你苦等了三个月，再去问他为什么没有兑现时，他委屈得就像是你故意栽赃他一样。

陪你聊天时态度十分热情，讨论的场面也是热火朝天，各种合作建议、各种畅想未来，但聊着聊着，就发现聊的根本不是一回事，就像是，你说土豆堆里放个苹果可以降低土豆发芽的概率，而他说炒土豆丝加醋更好吃！

一辈子很长，如果不快乐，那就更长了。

所以，不论是交朋友、做合作、谈恋爱，一定要优先选择那些相处不累的人。

我大致将相处不累的人分成了三类：一是情商、智商双高的人，你说开头，他马上就能领会，一点就通；二是诚心诚意的人，你可以放心地表达，不用费尽心机，也不必小心提防；三是直截了当的人，他待人处事很直白，说话交流都是直奔主题。

跟这三类人交往、合作或者恋爱，都会让你无比舒服，既能大幅地降低时间成本，也不会影响你的心情。

嗯，少浪费时间跟人掐，多花点儿时间在努力进步上，然后尽快地摆脱他们！共勉！

3

不要和那些消耗你的人在一起，当然也不能去做一个消耗别人的人。

你的朋友是英语专业的高才生，前不久还陪领导出访了国际大公司，当了全程的同声翻译。你家孩子需要补习英语，而且正在找补习班。这个时候，就不要厚脸皮地找朋友教了，除非他有办补习班的意愿，除非你愿意支付与他的水平相匹配的酬劳，除非，你一点都不怕失去这个朋友……

你的大学同学是个出色的摄影师，前不久还办了自己的个人摄影展，其中还有两幅被市博物馆收藏了。你家办大喜事，缺个摄影录像。这个时候，就别不知轻重地去找他帮忙了，除非他的工作室有类似的拍摄业务，除非你肯支付与他资历相当的劳务费用，除非你一点都不担心他与你渐行渐远……

你的同事是个很不错的业余插画师，在繁重的工作之外，他会给一些杂志和网站画一些插图。你有个呆萌的女朋友，喜欢萌萌的插画，成天让你去帮她淘类似的图片，以便她发朋友圈、微博。这个时候，就不要轻易找他开口了，除非他有将图片发布到网上的愿望，除非你的女朋友肯有偿使用这些图片，除非你根本就无所谓他对你的态度……

这些人是很有才华、能力、价值，你的那些请求、要求和勉强，在他们的面前确实也算是"小事一桩"。但再小的忙也是需要他们花费时间、精力和耐心的。

没有谁的时间多到可以随便浪费，也没有谁的本事大到可以眨眨眼就完成你"布置"的任务。

帮你，是别人心地善良；不帮，也是理所应当。

　　功利世界往往是这样的：每个人都看似好惹、好麻烦。但实际上，他的心里会有一个额度，你麻烦他一次，就用掉一些。但这个额度不会设置短信提醒，也没有催缴电话，当你的额度用完了，他就会马上把你停机，一点解释都不给！

　　就算你有幸通过解释、道歉、厚脸皮的方式挽救回来，就算你们还有可能互称"朋友"，但你该明白：和好容易，如初太难！

　　最后给大家一个善意的提醒：只要你不跟犹犹豫豫的胆小鬼一起做冒险的事，不和斤斤计较的小气鬼谈钱，不在心胸狭隘的人面前表现自己，不和固执己见的人一较高低，不跟是老板的人比谁说了算，那你几乎就避开了人世间百分之九十的麻烦。

你是在旅行，
还是在浪费生命

08

+

1

五一假期才过了半个月，江大小姐就在微信群里吐槽："唉，感觉生活太没意思了，工作无聊、周末无聊、吃饭无聊、睡觉无聊，做什么都没意思，每天活着简直是生无可恋啊！"

有人给她出点子："那你去旅游吧，激活一下自己，不是有人说了'没有什么事情是旅游搞定不了的'吗？"

江大小姐说："五一才去的，四天游了江南五省，然而并没有什么用啊！"

见没人接她的话茬，她又补了一句："我多年的经验总结是，旅行就是从自己活腻的地方跑到别人活腻的地方，纯属瞎折腾！"

　　我认识的江大小姐其实是个不怕折腾的人，公司里"世界那么大，我想去看看"喊得最凶的是她，假期出远门旅行次数最频繁的是她，但每次旅行回来，喊无聊、说没意思，抱怨旅行社最多的依然是她。

　　为了图省事，她用"满心期待"去替代"仔细规划"，然后选择了不用动脑筋的"跟团游"；为了贪便宜，她以"价格优先"替代了"精品路线"，所以常选的是那种实惠的"秒杀旅游团"。结果，四天的行程，两天是在坐车，而且每天都得换酒店，每个景点停留不超过一个半小时，每一顿饭都是吃拼桌的团餐，每个航班的起降都在凌晨……

　　这样的后果自然是：进酒店倒头就睡，到地方赶忙乱拍，回到家就猛吐槽。

　　本来是希望用旅行来增进亲朋之间的情感，结果路途中聊了三句就觉得腻烦，稍有意见不合还会小小地冷战一番；本来希望用旅行来激活自己，结果刚出门就觉得累了，只想赶紧回酒店里玩手机；除了想早点回家之外，就剩欲哭无泪了。

　　在很多人眼里，旅行的功效，简直能够媲美仙丹，就好像用它来治愈"生无可恋症""懒癌"等生活顽疾,指日可待。

于是,各种旅行广告不绝于耳:"年轻,用旅行增加阅历""单身,去罗马寻找缘分""男人,要有颗自驾环游世界的心""精致会生活的女人,一年飞三次巴塞罗那"……

这些夹杂着欲望的声声召唤以极其不负责任的方式,让困顿的男男女女们对"说走就走的旅行"充满了渴望,于是你一次一次地乘兴而去,又一次一次地败兴而归!

等到梦醒时分才发现,除了一地鸡毛,无聊的生活并没有丝毫改观!

我想提醒你的是,一万次旅行也拯救不了平庸无聊的你。不要天真地想着通过旅行来改变自己的状态,能改变你的,不是风景,而是经历。

旅行箱不是百宝箱,解决不了你浑身上下透着"腐朽味"的问题;旅程中也没有万能钥匙,打不开你那已经生锈了的脑洞。

在我们周围,觉得日子过得没意思的人实在是太多了,而想着通过旅行来改变生活的人也是不计其数。这至少说明了两件事:一是能把日子过得有趣,确实很不容易;二是能把平常日子过得风生水起的，大多是天赋异禀之人。

无趣的人才会在那些文化古迹上刻着千篇一律的"某某某到此一游"，而会玩的人则会找个舒适的小店，挑一张雅致的明信片，送给中意的某某，背面写上"某年某月某日，下午某时，天气晴，我在某地，想念你。"

无趣的人才会将棕榈海滩生活、雨林冒险当成是击退无聊的唯一出路；有趣的人却能从三五好友的谈吐中、新开的临街小店里找到快乐的验证码！

真正鲜活的人生，一定是生根发芽于寻常光景，同时开花结果于平淡日常。

真正鲜活的人生，不是非得用"诗和远方"来堆砌，它既囿于厨房，也在山川湖海；它既能在日常的琐碎里自在欢喜，也能在水泥森林中幽幽地开出花来。

2

中国式解决问题的名言警句很多，比如"为了孩子""大过年的""给个面子""都不容易"……但最让我敬佩的是"来都来了"。

想象一下，你和几个好友去一个度假村闲逛，本来是以"放松身心，呼吸新鲜空气"为目的，结果在去的路上看见了一连串的广告，说度假村马上要举办一个音乐节，来了几个你没听说过的艺人。于是你们几个就兴致勃勃地走了八里多地。

到现场才发现：排队入场的队伍超出了三公里，矿泉水三十元一瓶，同时公共厕所在五公里之外。你觉得没什么看头，准备走的时候，你的朋友来了一句"来都来了，去看看呗"。

于是，你们一人买了一瓶矿泉水，小口小口地润着喉咙，怕喝多了上厕所麻烦；你们在一群狂热的粉丝堆里忍受着刺耳的音乐和根本接受不了的嘶吼……

想象一下，你抱着"尽孝心"的心态，周末想陪着家人来个周边游，听说最近有个新开发的旅游项目，一家人听了都很满意，也都满心期待着。

但到了目的地一看：油漆还没干透，安保也不很完善，吃住都有着同一个特点——既贵又有装修味。你觉得这里不行，想再换个地点，准备启动车的时候，你妈来了一句"来都来了，去转转呗"。

于是，你们捏着鼻子、小心翼翼地边逛边玩；你们花着远高于市场价的食宿费，吃着跟路这摊一个味道的"特色菜肴"……

再想象一下，你上个月刚领完结婚证，此时正和另一半在塞班岛的沙滩边闲逛，偶遇了一排纪念品商店。你本来是想给爸妈或好友带点儿纪念品，你对象是想着给这次蜜月之旅留点念想。

可走进商店里一看：有带着明显工业制品味道的假珊瑚摆件，有用贝壳做的奇丑无比的各式手链，有各种不知道放了多少色素、糖精的果脯和奶糖……你什么都不想买，但这时候，你的另一半说了句："来都来了，怎么也得买点儿啊！"

于是，你们俩带着一种"既然来了就别浪费机会"的使命感，选了一堆奇丑无比的贝壳和连尝一尝都没有欲望的糖果……

你看，"来都来了"就象是一个魔咒。只要有人对你说出这四个字，你就能中邪般地拿出钱包，去最坑爹的景点、爬最无聊的山头、吃最没特色的招牌菜、买最没纪念价值的纪念品……

唉，拦都拦不住！

一个不争的事实是，你没有目的、缺少规划，你就越容易听信那句"来都来了，进去看看吧"。

"总不能白跑一趟啊，看了总比不看值""总不能让人笑话啊，怎么样都得装出玩得好爽的样子"……这样又懒又要面子的心理成全了一大堆"旅游景点"。它们随便弄几块大石头、栽几棵歪脖树，就可以笑呵呵地坐着等你递过来门票钱。

人生啊，确实是一场修行，刚开始你总觉得是这个世界欠修理，后来才明白，欠修理的其实是你自己。

3

几乎所有人都自称爱旅行，却鲜有人想过为什么要旅行。

旅行社的客服可能会说"旅行是为了治愈自己"；心灵大师可能会说"旅行是为了补齐自己残缺的灵魂"；段子手可能会说"旅行是为了遇见另一个自己"；妈妈可能会说"旅行是为了花光钱"。

嗯，都对。

可是，当你对欧洲史一无所知、对导游解说不知所云时，卢浮宫如何能够治愈得了你?

当你万念俱灰、心灰意懒地奔袭到巴黎、塞纳河和埃菲尔铁塔时，又该拿什么来补齐你那千疮百孔的灵魂？

当你在曼谷大皇宫的宫殿内依然焦躁地为未了的工作烦心，你怎么可能会遇见另一个自己？

这样的旅行，恐怕妈妈的答案才是最对的——它就是为了花光钱而已。

有太多的人，他们的护照上盖了几十个国家的戳，却照样说话无聊、思维僵硬、格局狭隘；他们看过蒙娜丽莎的微笑、见过大卫的腹肌，也在斗兽场中间号叫过、但他们最关心的事情不是这些，而是去完成许诺给亲朋好友的代购清单。

他们漂洋过海地去到另一个国度，坐十几个小时的飞机只是为了拍几张能够发到朋友圈的照片，然后回酒店里煮一碗从祖国千里迢迢背来的泡面；他们参加各类的跟团游，什么"欧洲十一国十日游""江南五省四日游"……除了把自己累趴，几乎没有任何收获。

既然你知道"谁赚钱都不容易"，怎么就甘心把大把大把的人民币送给航空公司，赠给那些在流水线里生产出来的酒店大床？难道你真的情愿拿出那么多的钱和缩在经济舱里发麻的腿脚，来换朋友圈里的几十个赞？

真正有意义的旅行应该是这样的：首先，你应该找到自己需要的旅游路线，这个线路是你向往的，是你消费得起的，是你深入了解并作出了规划、研究的，是带着目的和问题的；其次，你应该找到适合这次旅行的同伴，他可以是你的恋人、朋友，可以是你的家人、孩子，也可以是你一个人，但都必须对这段行程充满向往，并做了精心的准备；第三，也是最关键的，你得把未完待续的工作、纠缠不清的感情和斤斤计较的性格等，都暂时放在家里，用一颗愉悦的、轻松的心去享受一段陌生的、新鲜的旅程，去感受它的奇妙与美好。

当然了，出门旅行，花的是你的钱、你的时间，你高兴就好，你觉得值得就行。

我只是比较担心，怕你哪天突然清醒，发现自己不是在旅行，而是在浪费生命；怕你劳心劳力带回的那些劣质的纪念品和千篇一律的旅行照，会龇牙咧嘴地笑话你："是不是傻？"

十

人生啊，

确实是一场修行，

刚开始你总觉得是这个世界欠修理，

后来才明白，

欠修理的其实是你自己。

做你的朋友，
用户体验真差

09

十

1

　　见过有酒瘾、有烟瘾、有网瘾的人，我却认识一个"说谎成瘾"的人，暂且叫她 Q 姑娘。

　　买东西，Q 就喜欢谎报价格。买了一本记事本，标签写着三十五，她张嘴就说"花了一百多"；买了双耐克鞋，标价明明是八百八，她非要说成是"一千多"；换了部新手机，原价也就三千，她偏要说成"五千"。就好像她买的都是限量版、都是特别版，所以要贵一些似的。

　　聊天，她就喜欢高谈阔论地说一些她的精彩旅程或者非凡经历。但聊的次数多了，我们就发现，她只是将一些看过的段子、听来的故事当成她自己发生的事，而那些段子、故事在微博、朋友圈里早已泛滥。就好像别人都不刷微博、都不逛朋友圈一样。

谈恋爱，她就喜欢夸张。明明是个油嘴滑舌的男生，她却赞美他是"郭富城第二"；明明就是邻省的，她却脸不红、心不跳地描述成"在国外留学"。就好像她已经穿越到了战国时期，所以有点儿能说会道的本事就等于是王公贵族的幕僚，所以邻省等于邻国。

我们习惯了她的谎话连篇，所以每次都会很配合地回复她："哦。"

某周末，一个朋友经过我所在的城市，要停留三四个小时，就临时决定约大家出来聚聚。我一拍胸脯："行，我来联系大家。"

然后，我就给另一个朋友以及 Q 姑娘都发了微信，那个朋友给我的回复是："我正和 Q 在郊区看梨花，现在赶回去，估计是来不及了。"然后发了一张 Q 姑娘摆拍的照片给我，以示是真的。

大约过了十秒钟，Q 也回了我："我正加班呢，老板给我派了一堆活儿，实在是走不开。"我没有回复她，而是"信"了她。

我当时的内心独白是：你都好意思撒谎，我不好意思不信。

人之所以爱撒谎，其内心戏无非是：我要非常非常用力地掩饰真相，才足以降低因拒绝别人而产生的敌意，因失信于人而产生的恶果，才足以表现自己的无害与纯良。

于是，曾经一句假话就面红耳赤的人，如今谎言蔓延着全身都可以不动声色。

但我想拜托一下："撒谎的时候，你能不能别让我这么快就知道真相？"

朋友打来电话问你"在哪里"或者"在做什么"，你明明是躺在沙发上打瞌睡、看电视，又或者无所事事，你明明可以轻松地回答一句"在家呢"，可你却在内心上演了一幕五十集的电视连续剧："他会不会是要找我帮忙？""他会不会是要找我借车？"

末了，你脱口而出："在外面呢。"

约定的聚会早就承诺要参加，可突然就犯了懒，只好用"我临时要加班""家里临时有事要处理""身体有恙"之类的借口搪塞。

又或者，明明是在床上没起来，就说"正准备出门呢"；明明是在"对镜贴花黄"，偏要说"在路上堵着呢"……

要我说，对自己的亲朋好友撒谎算什么大本事，你要是能一辈子自欺欺人，那才是真的了不得！

　　有人曾杜撰过一份邀请函，邀请大家加入"说谎会"，以此来讽刺某些人"说谎"的理由："巧于说谎的人有最大的幸福，因为会说谎就是智慧。一天之内，要是不说许多谎话，得打多少回架；夫妻之间，不说谎怎能平安地度过十二小时。我们的良心永远不会谴责我们在情话情书里所写的———一片谎言！"

　　这些廉价且频繁的谎言看似解决了你不守信、不守时的人品问题，看似是掩盖了你"爱慕虚荣、自视清高"的人格缺陷，其实只是你在自欺欺人罢了。其实，你是吃了大亏，你正在一步步地失去为人处世的原则。

　　记住了，在你准备撒谎的那一秒，实际上就给了别人讨厌你、不原谅你的全部理由！

2

　　大华是我的同行，我们经常在一起吐槽出版圈子里的事儿。前两天，他点名声讨陈果。

　　陈果是某出版单位的副主编，四十多岁，爱用成语、歇后语，然而经常用错。

第一次见陈果，他就惹着大华了。那次是为了谈新书合作的事情，结果陈果看完稿子之后，头一句就是："这位小伙子，真是人不可貌相啊！"

大华惊呼："What？"

坐在陈果旁边的编辑赶忙解释道："陈主编是夸你年纪轻轻就写出这么好的稿子。"

随着后来交往的次数多了，大华拉黑陈果的冲动与日俱增！

比如大华的新书上市了，他就从书名到封面，挨个位置批评一下，结论是，这本书要是让他去做营销，销量肯定能比现在强好几倍。可在这本书上市之前，大华曾专门请教过他，陈果当时的评价是"都特别好"。

比如他找大华聊某个话题的时候，他习惯性地独自发言了近六十分钟，但轮到大华开口的时候，他就找什么理由打断了，然后，补上一句"我们下次再聊"。

比如他出了某本新书，让大华给写一个推荐，大华每次都是保质保量地按时完成，可轮到大华的新书请他给写个推荐时，他要么是拖着，要么是忘了，就好像他患有"间歇性失忆症"似的。

我问大华："然后呢？"

大华回答说："然后他每次都会批评我的新书，每次都是自顾自地讲六十分钟，每次都会找我帮忙写推荐……"

我笑着说："这就对了。你每次都这么好说话，他自然是每次都这么好意思了。"

其实我想说的是，丑话你不敢说在前头，烦心事自然就跟在你后头。

有的人就是行走着的"负能量包"，碰见谁就惹谁，你知道他是这副德行，你知道自己很讨厌他，可你忍了！

有的人就是习惯于占便宜，他需要帮忙的时候，你必须是随叫随到；你需要帮助的时候，他就销声匿迹了。你很反感他，可丝毫不耽误你继续惯着他。

有人骨子里就喜欢以自我为中心，他讲话的时候，你必须要认真听；你才说了三句半，他已经打了五个哈欠……你接受不了这样的聊天方式，可下次他叫你，你还是屁颠屁颠地去了。

忙可以帮，但不是承包下来。否则"帮忙"这件事就变成了"你该做的"事。

刘震云在《一地鸡毛》里给出了人际交往中功利又务实的建议："能帮忙，先说不能帮忙；好办，先说不好办，这才会成熟。不帮忙、不好办最后帮忙办成了，人家才感激你；一开始就满口答应，如果中间出了岔子没办成，本来答应人家，最后没办成，反倒落人家埋怨。"

与人交往，强调有来有往，而不是一方无限地付出，另一方无休止地占便宜。与其这样勉为其难地维系着随时就翻的友谊小船，不如由着它翻掉好了。然后将自己有限的好，送给相处舒服的另一艘船！

与人交往，要有原则和底线，因为一旦越了界、超了线，友谊就不再单纯，它就会成为一个需要提防、需要警戒、需要权衡，最后不欢而散的别扭游戏。

我的建议是，就算你运气好，结识了某个能帮你的人，也请你不要马上就开口提要求。那样做，多半只会断送一段可能的友谊而已。

再有本事的人，也是有血有泪的人，需要被关心、被肯定、被当成朋友，而不是被当作一辆没血没肉的大车，没事就运送一个摆明了只想搭便车的人。

人与人之间，还是见外一点儿好。

如此一来，他日江湖再相逢，你若称赞我"一表人才，才高八斗"，我就回你一句"别来无恙，万寿无疆"。

3

交朋友，最幸运的就是交到一个三观一致的朋友。

三观一致并不是你们的想法、观念、生活完全一样，而是"你很正经，但你还是愿意听我胡说八道；我很传统，但我依然能欣赏你的特立独行"。

三观一致的表现是：你喜欢有情调的法式大餐，他喜欢路边摊的啤酒烤串，但你理解"喝着啤酒吃烤串的爽快"，他也愿意享受法式大餐的浪漫与奢华。所以你们邀约对方，都愿意奉陪到底。

你喜欢说走就走的旅行，他偏好于宅在家里看书，但你理解

"宅在家里"的安逸与清闲，也相信"书中自有黄金屋"；他羡慕你"行万里路"的潇洒与炫酷，也欣赏你"说走就走"的冲动劲儿。所以你们聊起各自的假期，都乐意倾吐和倾听。

你们都懂得，这个世界上没有绝对的对错优劣，你们相信世界是因为"不同"才多姿多彩的，因此愿意接受不同的生活方式和生存理念。

在这个"一言不合就开撕"的时代，遇见一个三观一致的人，堪称是人生的幸事！

友情是两颗心的真诚相待，而非一颗心对另一颗心的碾压！

三观不合的表现是：你为了健身办了一张健身的 VIP 卡，每天运动一个小时，塑身效果显著，就想着喊他一起，结果他认定你是"有钱没处花"。

你为了某个职称而努力学习、踏实打拼，逐渐在职场上有了起色，你就劝他也积极向上一些，结果他认为你是"借人上位"。

你为了去看看外面的世界就努力赚钱、仔细攒钱，然后见识了世界的繁华，就劝他也出门看看，结果他觉得"风景不都是一个模样"，并且觉得你是"假装文艺"，是"花钱买罪受"。

三观不合，就没必要把对方请到生命中来供着。硬把两个三观不合的人捆绑在一起做朋友，是一件让双方都痛苦的事。一个要装作很厉害的样子，而另一个要强忍着讨厌！

三观不合的朋友多了，越闹腾，只会越孤独！

聊不下去就不聊。你又不是大街上那个算卦的，唠不出那么多他爱听的嗑儿。

一颗阴郁的心，
撑不起一张明媚的脸

10

十

1

虹姑娘在微博里开启了"发牢骚"模式，她一连发了二十多条，并且都带上了"穿着家居服、勤恳持家"时的自拍照。

在微博里，她数落老公越来越无趣，说当初追求她的那个男人是个"抒情诗人"，睡觉前的晚安、早起时的早安，都能附上一两句情诗，平常的纪念日，他一个都不会落下。如今的他，下班就瘫坐在沙发上玩手机，坐等晚饭不说，还要求晚餐的标配是"三菜一汤，有荤有素"。

她抱怨老公越来越懒，当初追求她的那个男人是个"生活小能手"，扎花、剪纸样样精通，煲汤、烧菜信手拈来，不时还会研究几个新菜品。如今却像个"大爷"——衣来伸手，饭来张口。这还不算，他还对自己的穿着打扮挑三拣四，今天嫌胖了，明天嫌没化妆，带自己参加聚会的频率也是越来越低。

当然了，微博里少不了"自怜"的成分，比如，她为了陪老公，推掉了无数的聚会；为了给老公做好吃的，她在满是油烟的厨房里研究菜谱；为了让老公有一个干净的环境，她一遍又一遍地收拾家里的每个角落……

虹姑娘是比我大两届的学姐，算不上校花，但也绝对算得上"美女"级别。如今她已经结婚两年多了，生活从恋爱之初的热热闹闹、多姿多彩，变成了后来的千篇一律、一潭死水。

就在我看她的微博时，她私信我："老杨，我有点怀疑，当初是不是选错了人？"

我没有回答她的问题，而是反问她："你有多久没有健身了？有多久没有认真地化一次妆了？有多久没有买应季的衣服和饰品了？"

她回我："这些有什么关系？我对他好，我为这个家付出全部，难道还不够让他对我好吗？"

我说："如果你抱怨自己的另一半变了，变得不像从前那样用心地对待你。那你首先要反思'自己是不是过早地放弃了曾经那个光鲜靓丽的自己'，而不是一味地要求对方保持原样！因为他曾经十分珍爱的那个美丽姑娘不见了，因为你曾经精心呵护的那个臭美的自己，也不见了。"

我其实更想说的是，一颗阴郁的心撑不起一张明媚的脸，你如今的这副尊容，只适合小图浏览！

很多女生不太理解："为什么我把整个人生都押给你了，把全部的时间都交给家庭了，你却越来越冷淡了，还那么对我挑三拣四？"

是爱情枯萎了？是时间太冷酷了？是第三者？要我说，都不是。最主要的原因是你不再用心对待自己。你把时间和精力百分百地用在了"责任、义务，孩子、老人"上；你不再有"等着去约会的心思"，也不再愿意为了他而"浪费时间"打扮自己。你能够看到的，只有对方的疲惫、脆弱、无趣和沉闷。

只是你别忘了，你把最美的一面遗落在了过去，那他自然会把全部的"用心"转移到工作、手机和应酬上。

你用一副随随便便的妆容、一种粗制滥造的生活态度来"接待"他，那他自然会给你一个马马虎虎的反馈、一个不咸不淡的回应。

没有谁有义务，必须透过你邋里邋遢的外表去发现你优秀的内在；也没有人有耐心，对着一副披头散发、空洞无聊的皮囊去兑现许过的海誓山盟。

换言之，外面的灯红酒绿和你的生活没有多大关系，这世界上也没有什么第三者，无趣的、邋遢的你才是最大的第三者。

我的建议是，你必须要干干净净、整整齐齐，甚至是精致有加、光彩夺目。这不是讨好，更不是什么大男子主义，而是你生而为人的尊严，是让爱情保鲜的基础，它不分男女，也不分老少。

从最初的"愿意为你……"变成了后来的"要求你……"这中间的距离，就是"心甘情愿"与"迫不得已"的差距，也是"光彩照人"与"不修边幅"的差距。

不管怎样，永远不要蓬头垢面地面对这个世界，你那么尿、那么孬，难道还想让世界为你堆满笑容？

2

Y先生是我在火车上认识的瘦高个子大叔，他自称是"背包客"，但与我印象中的那些背包客不同，他看起来更像是个商务人士，西装革履，外加一条蓝色领带，干净的皮质旅行箱就搁在我那个灰头土脸的箱子旁边，显得格外扎眼。若不是后面六七个小时的闲谈，我会怀疑他的"自称"是胡说八道。

后来，他滔滔不绝地讲着他爬过的名山大川，顺手还给我展示了他拍的绝美照片……只是，我信了他的身份，却对他的穿着打扮十分不解。

我问他："你这一身打扮，更像是去做生意，一点儿都不像个背包客！"

他笑着说："背包客就得穿着松松垮垮的冲锋衣，背着鼓囊的背包吗？那些我都放在旅行箱里了，我对自己的要求是：从出门那一刻，就必须穿得体面，打扮得精神！这样我才相信，我有能力去完成一段危险、孤独且艰难的旅程！"

他补充道："我去了很多危险的地方，见过很多陌生的人，我明显能感觉到，多数人是不会花太多时间去'调研'一个陌生人的，你的穿着、打扮实际上已经为你打分了。一个根本不认识你、也不需要认识你的人，就是本能地从你的衣着、打扮上决定——你值得被哪一种态度对待。"

在这个看脸的世界里，"以貌取人"就成了"科学得要命"的事。因为外在就是最外面的内在。

外在好看就是一种心照不宣、一望而知的能力，一个无须辩驳、不言自明的优点。

几乎所有的人事经理都是以貌取人，几乎所有的一见钟情都是基于好看。

那么你呢？

你总喜欢说："衣服、化妆品，能省就省吧，省的就是赚的。"结果呢，你越省越穷、越省越干瘪、越省越空洞、越省越没看头。你省掉的很可能就是你最精彩的人生篇章，比如年轻的脸、婀娜多姿的身段、源自骨子里的自信、触手可及的爱情，以及变好的可能。

你总喜欢说："注重外表就是肤浅。"结果呢，你的内在似乎也没什么人感兴趣。你所谓的"更注重心灵美"只是你懒到无可救药的托词，你强调的"不喜欢化妆"更像是给无人问津找了个借口。

你总喜欢说："出去玩是为了放松，随便穿什么都行啊，又没人看你！"结果呢，你"随便"成了旁人眼里的那个没见过世面、土里土气又烦人的"臭游客"。你的旅程标榜是"放松自己"，实则是"放弃了自己"。

一个人的形象永远走在能力的前面。反正到目前为止，除了那些暴发户，我还真没见过真正有能力的人形象邋遢、口齿不清，甚至气质低俗的；也没见过外在形象邋遢、脏话连篇的人能有多丰富的内涵和修养。

所以说，长相很重要，穿着很重要，妆容很重要，成熟并且干净很重要！

相信我，那些会爱上你美貌的人肯定会比只爱上你内在的人多得多！而且，即使是宣称"喜欢你素颜"的人，也一定是保证你的外貌在他所能接受的范围之内的。

人之所以为人，你不能将口红、香水、长裙和高跟鞋与女人剥离开，也不能将皮鞋、领带和腕表与男人分开。构成一个人的，不只是皮肉、骨血和基因，还有那些看似没有生命的物件，是它们，让一个人栩栩如生且独一无二。

当一个人在年纪轻轻的时候就丧失了洗头、打扮或让自己变好看的欲望，那他一定是咸鱼投胎！

3

知乎上有个有趣的提问："为什么很多女生都觉得会做菜的男生很有魅力？"

其中得赞数最多的答案是："这其实是个伪命题。你认为女生会觉得一个光着膀子、臭汗淋淋，在黑漆漆、脏乎乎的厨房里炒着鸡蛋面的黑胖子很有魅力吗？不会的，她们只会觉得穿着一尘不染的厨师服、面带微笑地做着甜点或牛排的、长得还贼帅的男人很有魅力！"

你看，这其实是一个"三十秒钟定生死"的世界，你只有十五秒展示你是谁，另外十五秒让别人决定喜不喜欢你。换言之，你首先要留给别人好的第一印象，然后才有被喜欢、被信任、被接纳的可能。

很多机会都来自"你的外在被某人欣赏"。

一个五官端正、着装讲究的人，与做事规矩、待人真诚的人，很可能是同一个；一个在"吃穿住行"上有要求的人，与在工作中力求上进的人，很可能是同一个；一个管得住嘴巴不胡吃海喝的人，与管得住嘴巴不胡吹神侃的人，很可能是同一个。

反之，一个嘴歪眼斜、衣衫不整的人，与做事时挑肥拣瘦、拈轻怕重的人，很可能是同一个；一个在言谈举止上表现轻浮的人，与在技能上是个半吊子的人，很可能是同一个。

我的建议是，不要仗着自己长得丑就随便熬夜，不要仗着暂时有人喜欢就放弃了保养皮肤、锻炼身体和滋养灵魂，无论何时何地，你一定要美美的。

长得美的人，就算是乱发脾气、不讲道理，也会有人说你是磨人的小妖精。否则，他只会厉声问道："要死了吗？吃炸药啦？"

一切正常人的正常想法是，就算我是一只癞蛤蟆，我也不愿意娶另一只母癞蛤蟆。

总的来说，长得好看，那是上帝赏脸；颜值不够，你也不能自暴自弃。毕竟，脸不是检验真理的唯一标准。

　　最好的态度是，你能把长得好看当作命运的馈赠——感恩且珍惜它，而不是让"高颜值"变成你手头唯一的筹码！

　　外在形象，往往就是你真实生活的反馈。诚如王尔德所说，"美是天才的一种形式，实际上还高于天才，因为美不需要解释。只有浅薄之辈才不根据外貌作判断"。

　　也就是说，注重外在不是肤浅，肤浅的是只注重外在的人。

　　如果你连对方家里有几口人、人品是怎样、爱好有哪些都没搞清楚，就仅凭一张朋友圈里P过的照片就对他说天长地久的誓言，我敢打包票，这不是谈情说爱，而是在买豆芽菜！

所谓有教养，
就是不给人添堵

11

十

1

　　涛子发了一条朋友圈："看你遛狗的方式，觉得你很没教养。"

　　一问才知道，涛子在散步的时候和一个遛狗的中年大叔起了口角。大叔遛的是一只大个头的哈士奇，却没有牵着，任由它在草地上来回跑。涛子经过的时候，哈士奇突然冲向了涛子，向来怕狗的涛子被吓得尖叫起来，一个踉跄摔倒在路边，眼泪都快掉下来了。

　　可那位大叔却在一旁哈哈大笑，他对涛子喊道："没事的，我们家狗不咬人！"

　　涛子强忍着恐惧，回答道："这不是怕万一嘛，而且这里是公共场所，有很多小孩和老人……"

大叔没等涛子抱怨完，就没好气地回了一句："车祸你怕不怕，这么怕万一，那岂不是不要出门了？"

讲到这里的时候，涛子依然很生气，她说："要不是看到大叔是个一米九几的大块头，我真想回他一句'那好哇，以后我就养条大蛇，天天去你家门口遛，我也不牵着，反正我们家蛇不咬人'。"

我安慰她说："没跟这种人一般见识就对了。"

她反问："那我就只能自认倒霉了？"

我说："当然不是，你应该以不生气为前提，然后发出正确的声音，用自己的教养去表达自己的观点——他听不听得进去没关系，保全自己最要紧。"

我要强调的是，当你没有能力控制自己的情绪时，请先选择远离那些坏人。因为你会受到他那些丑陋行为的威胁，会被对方激怒、带坏、跑偏。

所以，不要争论，不要动气，不要试图教育他们，因为你一旦和他们一般见识了，就马上拉低了自己的涵养！

这种情形下，保全自己与维护正义一样重要！

遇见没教养的人，很多人会觉得"以暴制暴"才够解气，甚至觉得对于这些丑陋的灵魂，就得为其奉上"灿烂"的脏话！

可然后呢？你对自己失控了，这才是最严重的后果！

你内心戏是："既然他那么浑蛋，那我只好跟着浑蛋了。"

如果仅仅是站在对错的角度，你确实是在讨伐"恶"，但是，如果是站在你自身的角度来说，你还是输了。

请你注意看一下被激怒的那个自己———一个对人泼脏水、与人对骂，甚至是打架的家伙，是不是你曾经十分厌恶的那一类人？

网上有个段子写得特别好："有人尖刻地嘲讽你，你马上尖酸地回敬他；有人毫无理由地看不起你，你马上轻蔑地鄙视他；有人在你面前大肆炫耀，你马上加倍证明你更厉害；有人对你冷漠，你马上对他冷淡疏远。看，你讨厌的那些人，轻易就把你变成你自己最讨厌的那种样子。这才是'坏人'对你最大的伤害。"

生而为人，有四条建议：一是别和猪打架，二是别跑到猪设定的擂台上争赢斗狠，三是别想着如何用猪的方式去打败猪，四是和真正的人类做朋友。

2

教养是什么？郝姑娘用一件旧事来回答了我。

有一次，郝姑娘被临时通知出差，她紧赶慢赶到车站了，却发现发车时间快到了。她就想插队去买票，于是她在队伍靠前的位置找到了一位男生，向其说明了情况，希望可以站在男生的前面插队。男生爽快地答应了。

可之后，男生做了一件让郝姑娘终生难忘的事情：他从队伍里出来，站在了队伍的最后面，重新排队。

买到票的郝姑娘跑过去问男生："你为什么要重新排？"

男生说："我不能给其他排队的人添麻烦。"

郝姑娘总结道："这是我见过最有教养的行为，当然也凸显了我的没教养！"

这个故事让我想起了曾在微博上看过的一个视频短片，短片是在日本的一家超市里录制的。字幕给出的介绍是："这是当地最大的二十四小时营业超市，白天的人流量很大。"时间到了凌晨三点多，一位坐轮椅的老爷子出现在画面里，他要买农药，给自己家的菜园子杀虫用的。有人问他为什么要凌晨三点多来买药？老爷子的回答让人感动不已。他说："白天来会打搅到别的客人。"

你听听，一个腿脚不便、白发苍苍的老人，因为担心打搅别人，而选择在凌晨三点多、独自一人、慢慢摇着轮椅到超市里来购物。

有一种教养，叫"不给别人添麻烦"！

你从上铺下床的时候，能爬梯子，就别"咚"的一声跳下来；洗漱或者整理物品的时候，能够轻手轻脚，就不要弄得像是在工程队里开铲车。

深更半夜，大家都睡觉了，就别"后知后觉"地去洗头发、吹头发了，非要吹就去外面，而不是假装善良地提醒一句"大家都睡啦？我就吹一下下"。

手头缺什么东西，如果是真的需要就要向人提出请求，未经允许不用别人的东西是常识……

我得提醒你，别把学历当教养，更不要因为离得近就忽略了保持教养。教养和学历是两回事，有的人很有文化，但是很没教养，有的人没有什么太高的学识，但仍然很有分寸。

你可能受过很好的教育，但你依然很可能是没教养的人，就像你可以不停地吃东西，但你的肠胃不吸收，你还是骨瘦如柴。

木心在《即兴判断》里写道："有教养的人，对车夫、浴室侍应生、任何传递物品的人，从来不会敷衍搪塞。"

再来看看我们周围。

穿得时尚大方的美女们随处可见，但出口成"脏"的也不在少数，谁要是不小心碰了她自己甩起来的长发，她都好意思在大庭广众之下大声呵斥别人是耍流氓。

住在高楼大厦里的精英们天天强调修身养性，但平日里待人接物却是随意爆粗，如果哪个快递员没有按秒准时到达，他肯定会赏人家几句脏话。

在风景区里游玩的人摩肩接踵，但丝毫不影响有人随手乱扔，如果赶上了谁心里美的时候，他还会在墙壁上留着"到此一游"。

坐在电影院里的男男女女满世界去彰显个性，聊起天来也是旁若无人，如果谁要是指责也几句，他定会回你："关你屁事！"

他们生来用不着动脑筋，他们生来用不着为名誉担心。

他们在糊里糊涂的一生中，被人无数次拉黑、被人赐予白眼却浑然不知。

他们一次又一次地毁掉旁人的三观，而且还摆出一副"我毫不知情"的样子来！

你看，教养跟美丑、贫富、学历和阶层无关。飞往巴黎的头等舱上也有言语轻浮的大老粗，乡间地头的田埂上也有懂得仁义和廉耻的老农。

3

有太多的人，活得就像一颗咄咄逼人的子弹！

你要是有点儿婴儿肥，他三天两头就在众人堆里喊着："你怎么胖得跟头猪一样。"

你要是说："某某家的比萨特别好吃。"他就会给你一句："那是你没吃过好的。"

你三四年才见他一回，他脱口而出："长得比我都高了，是不是垫内增高了？"

你将新生儿子的照片晒在朋友圈里，他大笔一挥："没想到你这么丑，生的小孩这么好看！"

你如果化个精致的妆容，他必定会嘲讽一番："是不是想男人想疯了。"

诸如此类，将刻薄当玩笑，将口无遮拦当作坦率，全然不知这些是极没教养的行为！

见到本尊的时候，发现对方和朋友圈里的照片差别很大，千万不要表现出"见到伪君子"或者"对方就是个骗子"的表情来，更不能傻乎乎地问："你是不是整容了？"

在大庭广众之下，看到别人的外套破了个洞，又或者看出了她挎着的 LV 是假的，能闭嘴的时候，就别显摆自己的那双火眼金睛了！

这不是虚伪，而是教养。

有一种教养，叫"不给人添堵"！

有教养的人，懂得点到为止，别人也自然会心神领会；你为有教养的人着想，他必善意回应；而没教养的人，你不发脾气，他就占你便宜；你为他着想，他还嫌你"事儿妈"。

所以，遇见没教养的人，最正确的做法是，努力躲开他，同时努力不要变成他那样的人。

至于那些口无遮拦的家伙，不如一脸天真地告诉他：不好意思，你刚才说了什么？我的耳朵得了一种先天性的怪病，叫"你讲了什么，我根本不在乎"！

有教养的表现很多。比如，下雨天逛街，进店门前在门口跺跺脚；坐手扶电梯自觉站右边，留出一条应急空间给那些有急事的人；吃饭点餐时询问对方喜好与忌口；在别人睡觉的时候懂得安静，下雨天开车路过水坑知道减速；咳嗽的时候用手捂住，不对准任何人；别人到店里，即使买不起，也不要用瞧不起的眼神打量别人……这些微小的细节，足够让你普通的灵魂熠熠生辉！

往简单了说，教养就是不管你的出身、背景、能力，你都在努力做个更好一点、更可爱一点的人。

愿你，十年之前是玉树临风，十年之后是温润如玉。

十

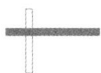

教养跟美丑、贫富、学历和阶层无关。
飞往巴黎的头等舱上也有言语轻浮的大老粗，
乡间地头的田埂上也有懂得仁义和廉耻的老农。

你怎样度过一天，
就会怎样度过一生

12

十

1

刚毕业的 S 姑娘面试失败了，她在微信里向我吐槽，说面试官笑得很猥琐，而且特别没礼貌。

她说："我是去面试记者这个岗位，他本应该测试我的采访能力和文笔。可他就是眯着眼睛盯着我笑，才问了两个问题，就脱口而出'下一位'，你说气不气人？"

我说："他的第二个问题应该是，你平时都做些什么吧？"

她发过了三个惊叹号，问道："你怎么知道的？"

"那你是怎么回答的呢？"

S 姑娘发了很长一段文字，大致描述了她在课余时间和假期的日常，总结来说就是：白天看电视剧、玩游戏，晚上是玩游戏、看电视剧。

我说："没选你就对了。一个人的真实面目与真正价值，仅凭两三页的 A4 纸是呈现不了的，仅凭一面之交也是看不出来的，但通过你在空闲时的举动和习惯，能看得很清楚。也许这不是了解一个人唯一的方式，甚至不是一种最好的方式，但它是一种最省力的方式。"

男人十年八年后的境遇，大致可以通过他的微小习惯来预测；女人三年五载之后的模样，大致可以通过她的平常消遣来展望。

同样的道理，一个在平日里不思进取的人，在工作上多数也做不到勤勤恳恳；一个在生活中邋里邋遢的人，在工作上也很难做到精益求精。

这是常识。你今天没改的坏毛病，它明天依旧是个坏毛病；你今天不能解决的问题，它明天很可能就变成更大的问题；你今天减不下来的肥，明天乃至下辈子都减不下来。

正所谓，冰冻三尺非一日之寒，小腹三层非一日之馋。

想要在人群中更具竞争力，那先得让自己拥有更高的分辨率。而影响像素的是你的每一个昨天，以及昨天的选择、习惯、判断，以及学过的知识、读过的书、遇见的人……

我的建议是，想要好身材，就在别人呼呼大睡的时候，去跑道上挥汗如雨；想要好成绩，就在别人在游戏世界里激战正酣时，去图书馆里专心致志；想要变成值钱的人，那就去好好沉淀，慢慢锻炼出真本事；想要让面试官尊重你，那就攒足本钱，让自己无懈可击。

是骡子是马，根本就犯不着拉出来遛遛，大致瞅瞅就知道了。

怕就怕，你一边放任自己的眼光愈发短浅、境界越发低下、问题越堆越多，另一边又在深夜里自我纠葛——或是变成怨妇，怒火中烧地在朋友圈里发一些没经过大脑的言论，举着为民除害的大旗，成了他人的笑谈；又或者化身为键盘侠，怀着满腔的热血在热门微博下留下愤世嫉俗的评论，怀着替天行道的正义感，活成了一个无脑的喷子！

怕就怕，你一边喊着要惜时惜命，一边却又在慷慨地浪费时间；你一边想要大展宏图，一边又在缩手缩脚地作决定；你一边担心自己的壮志难酬，一边又为一堆破烂事忙得不可开交。

那你有什么资格抱怨命运的不怀好意？你的现状明明就是你一手造就的。

曾经，你心比天高：单枪匹马也敢闯江湖，满脸痘印也敢秀恩爱，遇挫了会内心呐喊"世上无难事，只怕有心人"。

如今呢：伸手怕辜负，缩手怕错过；在喜欢的人、事、物面前，只能摸摸肚腩，酸酸地说"物以类聚，人以'穷'分"。

曾经，你七窍玲珑：说人生既需要高瞻远瞩，也需要鼠目寸光。说"高瞻远瞩"能为你指明方向，说"鼠目寸光"能让你活在当下。

可在后来的现实生活中，你在该努力的时候选择了"高瞻远瞩"，还大言不惭地说"我想要的，岁月早晚都会给我"；又在作人生抉择的时候选择了"鼠目寸光"，还不知羞愧地讲"人要活得现实一些，别整那些虚头巴脑的东西"。

我唯一能说的是：天赐食于鸟，但绝不投食于巢。

2

上大学的时候，我在校报待了很长一段时间，曾对同班同学做过一次问卷采访，问题就是："你是怎样过周末的，觉得无聊吗？"

有人说，"那两天，我都是半夜一两点睡，第二天下午一两点起来，没安排别的活动，特别无聊"。

有人说，"刷刷人人网，看看综艺节目，再看一两部电影，两天很快就过去了，挺无聊"。

有人说，"在寝室里躺着看书，躺到头昏脑涨就玩玩手机，等饿了就叫室友带一份外卖，很容易过，但确实很无聊"。

有人说，"玩游戏呗，困了睡，醒了玩；饿了吃，饱了玩。特别过瘾，也特别无聊。"

还有人翻着白眼想了半天，蹦出五个字："想不起来了"。

"无聊"是一个极有时代感的热词，它概括了很多人在学生时代上课迟到、早退以及不听讲的全部理由。

轮到佳佳时，她说："我从不觉得周末无聊。上午如果有西班牙语学习，下午我就看一场西班牙语电影，晚上再写个影评；上午如果是营养师培训课程，下午我就去超市买些食材，晚上做些吃的给大家；如果上午没有课程，我就自学法语，我还计划在毕业之前能说一口流利的法语呢！如果再有空余时间，就去逛逛书店，买些喜欢的绘本，或者准备一下演讲稿的内容。你知道的，我每个星期一都要在校刊上发一篇演讲稿。"

如今的佳佳既是事业上的女强人，也是生活中的艺术家。这个月如果安排了满满当当的各类会议，那空余时分必然会搭配几场音乐会；这个月如果是在牙买加甄选咖啡豆，下个月可能就在巴黎看时装秀。

你看，能将时间安排得丰富多彩且有意义的人，就像是拥有了一把"万能钥匙"，能在庸常的时光里，拥有常过常新的快意人生。

适度的休闲是生活的必需品，但无休止的光阴虚度和不带目的的蹉跎岁月就成了生活的毒品。

大概是因为高中时你习惯了"被安排""被命令"式的学习，此时难免会觉得茫然，然后迫不及待地想做些什么来打发这突然多出来的时间。

不同的是，有人选择了去图书馆，有人选择了在电脑里厮杀，有人沉湎于影视节目的风花雪月……可就算你换一部品牌的手机，搬到另一个住处，买几本新书，又或者坠入爱河然后成功脱身，都无法帮你彻底摆脱无聊。因为，无聊的并不是生活，而是你的生活态度。

比如你这边刷着微博，那边抱怨大学生活无聊透顶；这边约着朋友准备在游戏里联手，那边就在电话里对爷爷奶奶说这次寿筵没时间回家。

无聊不是耗过去的，也不是躲避得了的。诚如廖一梅所说："我经常有那种感觉，如果这个事情来了，你却没有勇敢地去解决掉，它一定会再来。生活真是这样，它会一次次地让你去做这个功课，直到你学会为止。"

所有你逃避的、偷懒的问题，都会在改头换面后，对你迎头痛击！

3

为什么你灌了一大杯咖啡也拯救不了混沌的大脑，睡了十几个钟头也满足不了嗜睡的灵魂？别说看书和解题，连睁开眼睛都得拼尽全力。

为什么你一边写满了各类计划，一边又无精打采地过着每一天？别说完成全部计划，连开始计划都显得困难重重。

为什么你出门时是容光焕发，回家时已经累得生无可恋？别说健身和充电，连晚饭都没吃，只想倒头就睡。

为什么你将24小时都安排得满满的，却依然逃脱不了碌碌无为的命运？

在我看来，能出成绩的人，并不是车轱辘最大的，也不是马力最强的，而是效率最高的。换言之，你计划多少没有用，完成了多少才有用；你准备得多好没有用，完成得多好才是意义所在！

提高效率才是最有效的偷懒方式！

有一本叫《精力管理》的书强调说："我们匆匆忙忙、风风火火，面对沉重的工作负荷，我们努力把每一天都安排得满满当当；我们上紧了发条，但我们却彻底垮了。一天中有多少个小时是固定的，但是我们所能调动的精力却不是这样的。"

有效地利用时间就是分得出轻重缓急，然后有针对性地使用自己的精力。忽略了这一点，任何的方法论都是白搭，任何的鏖战都是白费。对精力的把握和利用，也在一步步地拉开人与人之间的差距。

有效的安排应该是：适时地松弛，而非全程紧绷；间歇性地冲刺，而非匀速慢跑。

状态不好的时候就别硬扛了，因为你的意志力是有限的。你在此处较劲过度耗费了精力，在别处就难免后劲不足。但这不是让你攒着精力熬夜玩手机，而是让你找到自己的节奏，在状态最好的时候处理最重要、最烧脑的事情。

一个人的状态不是像你的手机数据线——每一截都一样，而是像橡皮筋——张弛有度才是维持弹性的最好方法。

其实，多年以后，人和人之间的处境差距、际遇迥异、因缘不同，也不过是一分耕耘一分收获而已。

记住，你怎么打发时间，时间就会怎么打发你。

十

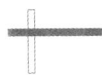

冰冻三尺非一日之寒，
小腹三层非一日之馋。

有爱的懂得示弱，
缺爱的才会逞凶

13

十

1

番茄小姐和菠菜先生恋爱之后的第一场"战争"是因为一张老照片。

那天，番茄小姐在他的旧相册里看到了一个漂亮姑娘，便问他，"哇，这姑娘好漂亮，是谁啊？"菠菜先生的脸"噌"地就红了。

是的，你没猜错，番茄小姐无意间看到的这个漂亮姑娘正是菠菜先生的前任。

随后，菠菜先生老实地交代了这个姑娘的所有情况，从籍贯、爱好到曾经两人的恋情，以及她后来的恋情，事无巨细。菠菜先生强调说，他们已经很多年不联系了，照片也记不清楚是什么时候放进相册里的。

番茄小姐很相信他，但这醋，她决定要往"足"了吃。因为在她看来，菠菜先生"知道的"和"说的"都太多了。接下来的几天，番茄小姐对他的态度是"不咸不淡，不见不谈"。

当然了，番茄小姐并没有真生气，她只是想让菠菜先生知道，她可不是一个普普通通的醋坛子，而是一个绑着一吨炸药的醋坛子！

事情的转机是菠菜先生在凌晨三点钟发给番茄小姐的一条微信。巧的是，番茄小姐也正失眠。微信的内容是："不知道你到底怎么了。想找你说话，你又不理我。说多了怕你烦，说少了又怕你不明白我的心。唉，很多话卡在喉咙里，进退两难。"

番茄小姐瞬间就被感动得稀里哗啦的，她犹豫了三秒钟，回了他一句："比我漂亮的人，第二天都得死！"

很快，菠菜先生的电话就过来了。他小声说："原来你是吃醋了，那你怎么不直接说？"

番茄小姐扯着嗓子喊："吃醋这么不要脸的事，我要怎么跟你讲？"

番茄小姐和菠菜先生的第二场"战争"是因为抢电脑。那时候，他们新婚才过两个月。当天，菠菜先生占着电脑画图，而番茄小姐急着追剧，番茄小姐催了他三次，他还是不肯让。番茄小姐脾气一上来，就把电源给切了。

菠菜先生瞬间就火了，对她大吼了一句："你脑袋进水啦？"

番茄小姐自知理亏，可她一点儿都不愿意放下架子向他道歉，便把脸一沉，甩了一句"你才脑子进水了"，然后就一语不发地坐在沙发上，等他的第二反应。

像番茄小姐这么"贼"的姑娘，她当然明白：真正的狠角色，是不会把"抱歉""对不起"挂在嘴边的，而是要用让人窒息的沉默，给对方一个下马威。

果然，没过一会儿，菠菜先生就端着 iPad 出来了，他说："你追的那部剧，最新的一集已经下好了，给你。"

见菠菜先生示弱，番茄小姐开心地接过了 iPad，然后马上堆出一脸的威严对菠菜先生说："像我这种吃软不吃硬的人，天生就是需要人宠着，如果你吼我，我也会很凶地吼回去。但是，如果你对我服软，我就会变得很乖，像猫一样赖着你！"

菠菜先生的头马上点得像缝纫机的针脚一样。

　　我曾采访过菠菜先生："这么宠，不累吗？"

　　菠菜先生笑着说："自己选择的祖宗，跪着也要宠！"

　　恋爱的真相是这样的：有心在一起的人，再凶的争吵也会各自找台阶下，然后很快重归于好；离心的人，再微不足道的一次别扭，也会乘机找借口溜掉。

　　其实，普天之下，不论谁的恋爱都注定有几分毒性，不懂得示弱的，很快就被毒死了，而懂得迁就的，慢慢就变得百毒不侵了。

　　当然了，你也不能因为有人惯着，就以为他会一直惯着你；不要仗着有人疼爱，就肆无忌惮。该改的毛病还是要悄悄去改，该认的错还是要用保留面子的方式去认，这样才对得起对方毫无保留的爱！

　　不过度消费对方的疼爱，才能被爱得更久一些。

　　另外，给姑娘们一个善意的提醒：当你和男朋友吵架的时候，先别急着去哭去闹、去喊大叫，而是先要弄明白，他的胆子怎么突然就肥了呢？

2

有太多的人，是小时候缺钙，长大了缺爱。比如 J 姑娘。

J 姑娘初恋发生在办公室里，男朋友对她的照顾可谓是"三百六十度无死角"。小到买早餐、每天接送上下班，大到搬家、旅行……

可即便如此，J 姑娘还是没有安全感。她对男朋友的监控也是"三百六十度无死角"。小到今天和谁见了面，开车经过了哪条街，大到过往爱过谁……她像个侦探一样，将男朋友的微博、朋友圈翻了个遍，一有蛛丝马迹，她就刨根问底。

有一次，男生由于开会的缘故，将手机调成了静音模式。不料 J 姑娘打开了查岗电话，男生因此"失联"了两个小时。就为这，J 姑娘大发雷霆，为此怄了三天气。

最夸张的是，J 姑娘担心男朋友跟前任联系，擅自加了男朋友前任的微信，而且还在对方朋友圈里点赞留言。

男朋友的前任回复她："放心吧，我是不会把吐掉的口香糖再放回嘴里的，所以你是'防卫过当'了，早点洗洗睡吧，假情敌！"然后就将她拉黑了。

这件事后来被男生知道，他第一次对 J 姑娘发了火，向来骄傲的 J 姑娘哪里受得了这等"待遇"，她一怒之下说了："那就分手吧。"回到家之后的 J 姑娘泣不成声，后悔得想抽自己两巴掌。

J 姑娘找我诉苦："恋爱真是件辛苦的事情啊！"

我说："你稍微再自信一点儿，稍微再信任他那么一点儿，你自然会发现恋爱的乐趣！"

她想了想，说道："我猜，可能是我比较缺爱吧！你也知道，我从小就不在父母身边。"

我反问道："缺爱难道不是问题吗？什么时候成了你侵犯他人自由和隐私的理由了？缺爱就可以肆无忌惮？缺爱就理所应当地得到更多迁就？所以他就得二十四小时在线，每条消息秒回？连前任都有罪？"

要我说，你不只是缺爱，还缺根筋；你这不是在谈恋爱，更像是在发神经！

遇见一个恋爱新手，本来是一件让他开心的事情，因为他俘获了一颗没有恋爱经验的心，轻松得就像是夺取了一座没有守卫的城。

可进城之后才发现，你这里没有爱，只有无尽的猜忌、冰冷的防备；这里没有花海，只有刑具和监牢。

那么你呢？

你平日里本是个性格开朗、桃花不断的人，一遇到爱情，马上就手忙脚乱起来。你既不会正确地接受爱，也不会恰当地表达爱，扭捏得像个怪胎。

你本来是个什么都不缺的人，在感情里却突然觉得自己一无是处、一无所有；你本来是神经大条的人，在恋人面前却突然变得吹毛求疵，极度敏感。

你在单身的时候总是在过分用力地保护自己，以至于让所有想要靠近你的人都退避三舍；又在恋爱时过分用力地去表达爱，让恋人身心俱疲。

我怕有一天，你的心窝被扎成了马蜂窝，再想去爱时，心里的那只小鹿却再也不敢撞了，像死了一样安静。

我的建议是，不要动不动就在精神上把自己武装到牙齿，而是要去追求能让自己心安的存款和独当一面的能力。

这样的你，就算他是个负心汉，你也不会慌，因为你知道，他选择的、他拒绝的、他狡辩的……都是他给自己硬加的戏份，根本与你无关。

就算他是个薄情之人，你也不会懊恼，因为你明白，自己身怀宝藏，难免会遇见几头恶狼。

若他是个有情人，你也不会乱，因为你相信，"他很好，我也不差"。

至于你听说的"如果很爱很爱一个人，就放手让他走，他若能回来找你，就永远属于你"。嗯，希望你一直都相信这种鬼话！

3

一部很火的电视剧里有这样一组台词。

"你相信有永远的爱吗？"

"我相信。"

"那你拥有过吗？"

"还没有。"

"那你为什么相信？"

"相信的话，会比较容易幸福。"

生活的讨厌之处在于：你喜欢长发，却留着短发；你有颗明天就结婚的心，却逃不过今天依旧单身的命。但它同时也十分可爱：你留着短发，但依然可以向往着长发飘飘；你单身很久，但依然相信爱情。

可更常见的现象是这样的。

出现竞争对手了，你就说自己不喜欢抢来抢去，怕弄得浑身是伤，所以你就选择了拱手相让，以求来日江湖好相见。你以为自己很豪迈，其实是弱爆了。

有了恋爱的人，你要么是反应过度，他给了你一点点温度，你就反馈给他一场熊熊大火。要么是对冷战上瘾，动不动就将恋爱的天气切换成电闪雷鸣的模式，可这时的你根本就没有伞，安静又倔强地站在他的门前，想要敲门，但最终还是没敲，就那样一直淋在雨中。

你极度缺乏安全感，对恋人保持着高度警戒的状态。还会提一些早就准备好了答案的问题，以测试他的忠诚和坚贞。但久而久之，这种提问的性质变了，你更像是在等着——看他如何撒谎！

遇到不顺心了，你最常用的处理方式是憋着。你既没有勇气说出来，也没有力量一直憋下去。但对于对方来说，一颗将要爆的炸弹远比一颗已爆的炸弹恐怖得多。

你想要被爱，又渴望自己；你不想被管，又不想被轻视。你的心里暗藏玄机，自然就很难对对方掏心掏肺，更别提什么相敬如宾、举案齐眉了。

这真的很悲哀，在你最好的年纪，你没有舒舒服服、大大方方地谈一场恋爱，倒是将《孙子兵法》熟练运用到了炉火纯青的地步。

其实，不论感情还是生活，最重要的不是有没有人爱你，而是你值不值得被爱。

那些天生就有一颗玻璃心，一碰就浑身参毛，生怕自己被忽视、被误解的人是很难享受到爱情的美妙和生活的美好的。就算是有人陪他谈情说爱，也填充不了他内心的缺憾；就算给他一个满分的恋人，也驱散不了他骨子里的寂寞荒芜。

而那些懂得示弱，在经济和精神上都足够独立的人，他们对待感情和生活的底气很足，自然就没有太多的徒劳的戾气和自私的要求。

不信你看，满脑子私欲的人，总想着求菩萨替自己消灾解难添富贵，而天真的小孩则会诚心祈求 "菩萨菩萨，祝你身体健康！"

没有自我的人，
自我感觉都特别好

14

十

1

由于工作的缘故，我结识了很多网络平台的编辑，还在上大学的 H 就是其中之一。

在我的印象中，H 比其他编辑更较真，给她的稿子总能得到一些中肯的建议；她也比其他人更敬业，三天两头就会跟我打个招呼，询问一下有没有新稿件。一来二去，我和她竟也经常聊些掏心窝子的话。

三个月前，H 私信我的时候已经是下半夜了，她说："老杨，我的人生毁了。"

我有点儿蒙，因为我认识的 H 是不可能跟"毁"字连在一起的。印象中的她是个"好评率"极高的女汉子，智商情商双高，相貌才气上佳，而且还上进，每逢假期，她不是在做兼职，就是在找兼职，忙起来的时候，巴不得将一天当成两天用。

我原以为，她顶多是毕业设计没做好，或者是兼职丢了，又或者是失恋了……但仔细一听才知道，她的人生或许真的是毁了。

原来，H 着了虚荣心的魔。为了和室友拥有一样的化妆品，她花掉几个月的兼职工资。为了买到那双最新款的鞋子，她吃了二十多天的馒头……最后，为了能够得到某款限量版的手袋，她放弃了寻找收入微薄的兼职工作，而是去 KTV 当起了服务生。当然，一开始只是端茶倒水，后来……

一个人堕落的速度是多少迈？五个牛顿恐怕也算不出来。

我问她："为什么？你完全可以靠努力活得很好的呀？"

她说："我原本是想快点过上想要的生活。可如果单凭努力，我恐怕大半生都只能小心翼翼、省吃俭用地活着；如果仅凭汗水，我这辈子都只能用着十厂块钱的口红、一百来块钱的包包……"

我又问："清清白白地赚钱，难道不比现在这样更快乐吗？"

她说："至少现在，有很多人点赞，有很高的回头率……比起穷酸着的清清白白，我喜欢这样体面着的苦苦挣扎！"

我没有再回复她些什么。那一刻，我突然意识到，虽然大家同处一个时代、同在一个城市，但价值观层面的差距，足足有几亿光年的距离！

她迷失了，所以分不清什么是合理的梦想，什么是失控的欲望。所以只能把别人的眼光当作行为的最高标准，把别人的点赞当作生活的最高奖赏，最后在自以为是的小聪明里迷失，在世俗的迷宫中左右为难。

人生这场游戏，谁都别想着要开挂。哪怕你在某一时刻大杀四方、顺风顺水，但抛弃自我、舍弃准则的人生必然会变得空洞，并演变成一个无法修补的 bug。

有的人见别人的路好走，就想去走别人的路；见别人走得远了，就想去抄一条近路。

比如大家都在排队，他就想插队，当然了，他的理由很充足："我带的东西多""我的岁数大""我带着孩子"……就好像别人正常排队都是闲得没事、活得太容易似的。

比如大家都在等绿灯，也就想闯红灯，当然了，他的理由依然很充足："开车的司机看到我会停的""我有急事"……就好像那些遵纪守法的人都是傻子似的。

于是，在该花时间等待的时候就想着走走后门，在该努力付出的时候一心想着抄近路，在只有赚辛苦钱的本事的时候满心想着的都是如何赚大钱……

于是，那些明知道是要手段、钻空子、冒风险、投机取巧的事情，也会抱着侥幸去做。其内心的潜台词无非是："万一不需要承担后果呢？""万一能一步踏上人生巅峰呢？"

我想提醒你的是，你的经历还太少，你的阅历还太浅，你的本事还很有限，光想着"找到人生窍门、走个成功捷径"是不可能走上人生巅峰的。

一来，没有那么多窍门和捷径可寻；二来，即使有也不会都归属于你。更大的可能是，你会掉进一些无法预知的坑里，摔得人财两失。毕竟，想抄近路，就要想到有可能会误闯陷阱；想要跑得快一点，就要想到有可能会摔得更惨一些！

一切走捷径的行为，最后都被证明是在走弯路；而一切阻挡你的困难都应该正面解决，因为那才是真正的捷径。

生命本就是一个摸爬滚打、由生到死的过程，如果你活着的目的只是为了寻找捷径，那么生下来就挂掉好不好？那无疑是最快捷的路程。

2

三十二岁的表姐仍然待字闺中。过年去她家串门，吃饭的时候，大舅对表姐说："夹菜就夹住了，不能翻来翻去，以后嫁出去了，公公婆婆会说你缺教养！"

表姐白了大舅一眼，然后把筷子往桌子上一扔，大声说道："那我不吃了行吧！"

大舅马上换了语气，将桌子上的筷子拾起来递给表姐，并补充了一句："来来来，我的宝贝女儿最爱吃大虾，老爸给你夹一只大的。"

吃完饭之后，一堆人围着桌子聊天。舅妈有意无意地提到了邻居家添了个胖孙子，然后对大姐说："你也抓点儿紧，你看我和你爸都快六十了。"

躺在沙发上看电视的表姐"噌"的一下就站起来了，厉声说道："又逼我，又逼我，明天我出去租房子行了吧！"

舅妈赶忙说："不说了不说了，还是在家住着吧，一家人多热闹。"

后来不知道谁问到表姐的工作，大舅就据实说了两句，结果表姐又爆了，她怒气冲冲地回到了自己的房间里，把门用力地关上。

大舅尴尬地朝大家笑笑，然后起身去敲表姐的房门……

临走之前，我小声问表姐："至于吗？大舅和舅妈就是提提建议，你咋发那么大脾气？"

三十二岁的表姐用二十三岁的口吻对我说："弟弟呀，你是不知道我在这家里多辛苦，对付他们就得这样狠一点！"

我对她说："你是挺狠，当着众人的面，硬生生地将自己的亲生父母逼到了低声下气的份上！"

子女有时候会犯一种非常愚蠢的错误：能把陌生人给的那点儿小恩小惠，当作大恩大德，却把那些不求回报的父母之恩，当作理所当然。

你整天担心，怕遇不到心爱的人，怕过不上想要的生活，却从未意识到，自己也许是身在福中却不自知。

你时常忐忑，怕自己在爱别人的路上千疮百孔，怕自己的爱被人辜负，却从未认真反思过，自己也许正在变得麻木不仁、忘恩负义！

你仔细想想，在你为了梦想而选择远方、追逐诗意的时候，你的父母在哪里、为了谁而辛苦打拼着？在你对美好生活侃侃而谈、口若悬河的时候，你的父母在做着什么、为了谁而攻苦食淡？在你图一时的口舌之快、对他们肆意吆喝的时候，他们在无人的地方、为了谁而满心愧疚？

是你，是那个曾经可以随便说、随便吼，如今只能哄着、供着的你！

在不知不觉中，当年那个会因为你犯错而跟你唠叨一整天的妈妈，现在变成了电话另一头那个唯唯诺诺的女人；当年那个对你威慑极大的爸爸，现在已经变成了不善言辞、不敢多说的老男人。

朋友圈里曾热传过一组漫画，大致是说，在你很小的时候，父母花了很多时间教你用勺子、用筷子，教你穿衣服、系鞋带、扣扣子，教你洗脸、梳头发，教你做人的道理……而你呢，小小年纪就只会逼问他们"自己从何而来"，他们其实早就用行动告诉了你——你是从他们心头掉下来的。

其实，子女与爸妈之间的"博弈"，哪有什么对错与输赢可言？所谓赢，伤害的无非是他们的心；即便错，刺痛的依然是他们的心。

你永远不知道你不在家的时候，父母的餐桌上有多简单，也永远不知道你回家的日子被他们计算了多少次。

你随意的一句"来日方长"，对他们而言，其实就是"人走茶凉"。你随口一提说了哪道菜好吃，他们就会一次接着一次地做给你吃，直到你厌烦、埋怨、想吐为止。

他们这大半生就是在拼命地对你好，把你觉得好的一股脑儿地都给你……

他们哪，就是爱到不知所措了而已。

人性的丑陋之处就在于此：一旦习惯了接受，就会忘记感恩。

3

这个世界，什么都无所谓的人特别多。

职场里，你对老板不满意，义愤填膺地递交了辞职书，你觉得自己一定能找到更好的工作，各种碰壁之后，你却发现，自己的能力也就前一个公司肯聘用了。

你对下属不满意，大动肝火地辞退了某某，你总觉得会来一个更好的员工，一通面试之后却发现，公司的条件也就以前的员工能接受了。

恋爱的时候，你对另一半不满意，大大方方地把人踹了，总以为"岁月会给自己安排一个更好的人"，各种相亲恋爱之后才发现，自己的这副德行也就前任会喜欢了……

父母提醒你，"快考试了"，你在游戏的战场上杀得兴起，回了他们一句："明天再说啦！"

朋友提醒你，"该减肥啦"，你在饭桌上大快朵颐，回了他们一句："吃完这顿再说吧！"

旁人提醒你，"你的女朋友气哭了，快去哄哄"，你强维持着如同钻石一般珍贵的自尊说："哭累了自己会回来的。"

等成绩亮起了红灯，想云的大学没考上，你只能懊恼地说，如果听妈妈的话就好了。

当电子秤上的数字异常刺眼时，你只能后悔地说，要是没吃那么多就好了。

当看到恋人和别人在一起了，你只能伤心地说，早知道对她好一点就好了。

是的，这个世界上，最没有用的，就是"如果""要是""早知道"。

如果后悔有用，类似"幸福""成功""魅力"这样的东西，就不会那么稀缺了；如果能多"如果"，那"爱情""亲情""友情"这样的东西，就不会那么昂贵。

当然了，你就不会有那么多收到就想剁手的快递和看到就想死的信用卡账单。

要懂得宽宏大量，
也要懂得双倍奉还

15

十

1

表姐去相亲，遇见了一奇葩男。

两个人寒暄了不到三句半，奇葩男就来了这么一句："你们女生选择结婚对象，是不是都以钱为判断标准？"

正准备喝柠檬水的表姐差点儿没呛着，她没有回答，而是歪着脑袋盯着相亲男看了两秒钟，然后认真地品尝那份味道极好的橘子烧野鸭。

奇葩男继续说："我不是在针对你，我前女友就是。我和她高三就开始谈恋爱，大学四年也都在一起，结果大学毕业的第三年，她居然抛弃了我，去和一个有钱人结了婚！"

表姐抬头看了他一眼，开口道："那个，麻烦帮我递一下沙拉，谢谢！"

奇葩男照做了，然后接着吐槽他的前女友："你得理解我。七年多的感情，我对她付出了全部的青春和爱，她说不要就不要了。"不时他还会强调一下："对于爱情，我真的是没什么信心了。"

表姐将最后一块牛排塞进嘴里，然后认真地擦了一下嘴巴，整理了一下表情，对奇葩男说："听着，你是挺倒霉的，可实际上你很幸运。像你前女友这种嫌贫爱富、同时智力有明显问题的姑娘，没有坑你一辈子，你就知足吧！"

见奇葩男一脸茫然，表姐整理了一下手袋，平静地解释道："她如果真是嫌贫爱富，就应该在年纪轻轻的时候去找个有钱人，干吗跟一个穷光蛋谈七年多的恋爱？浪费了青春，又耽误了'钱程'，这不是智力有问题是什么？再有，谢谢你这么大老远来给我讲故事，这顿饭我请了。"

然后，买单，走人，留那个奇葩男坐在原地，气得一脸青色。

我强忍着笑，对表姐说："我听说他是你的老板给你介绍的，你这反击会不会太狠了点儿？"

她严肃地说："我实在是看不惯这样的人，分明就是自己大有问题，还好意思说前任的各种坏话！不是有人说'分手见人品'，他的人品肯定不行。"

她补充道："再说了，我巴不得马上跟他撇清关系，我怕跟这样的人相处了三两天，我也成了他口中的下一个前任，被贬得一文不值，多可怕！"

倒也是，当着"预备现任"的面说前任的种种是非，这种行为更像是在强行为自己洗白，将所有的责任和罪状都推给前任，以此来讨好眼前人罢了。

可那个人分明是你曾经义无反顾地深爱着的人，如今却可以理直气壮地将她"出卖"，那还有什么事情是你做不出来的？

生活很不可爱的地方就在于，它经常让那些懂事的人来承担糟糕的感受和结果，反倒是那些特别不懂事的人却显得理直气壮，还抱屈衔冤！

在我们身边，有一类叫作"有知无识"的人，其共性是，自认为了不得，总觉得对方是在占自己的便宜；自以为深情无限，总觉得别人是无情无义。他凡事都能用专业的、有逻辑的方式为自己辩解，其"知"的强大掩盖了其"识"的无良！

比如，明明就是想找个"像妈一样勤劳"的姑娘来伺候自己，可他做不到像儿子那样乖巧听话；明明就是想找个"像闺女一样乖巧"的姑娘来黏着自己，可他又做不到像爸爸那样会疼惜人！

整天游戏人间，只知道抱怨运气不佳或怀才不遇，居然也好意思抨击别人"嫌贫爱富"；天天都是在混吃等死的状态，就知道说"以后……""我保证……"，居然还有脸去笑话别人"宁可坐在宝马车上哭，也不坐在自行车上笑"。

其实，在爱情面前最棒的心态是："很高兴你能来，也不遗憾你离开。我的一切付出都是一场心甘情愿的投入，我对此绝口不提。你若投桃报李，我会十分感激；你若无动于衷，我也不灰心丧气。直到有一天，我不愿再这般爱你，那就让我们一别两宽，各生欢喜。"

一如王小波所言："我爱你爱到不自私的地步，就像一个人手里一只鸽子飞走了，他从心里祝福那鸽子的飞翔。"

特别提醒一下，劳燕分飞这件事，可以自尊自爱，但不要自命不凡；可以厚颜，但不能无耻。

2

王磊私信我："我就搞不懂了，为什么有的人就那么好意思，自己的车从来不外借，却大方地借别人的车，借了又不主动还，还的时候又什么都不管！"王磊说的"有的人"，其实是他的同事N。

大约半年前，王磊就拿到驾照了，可当时的存款不够，买车的计划搁置了。可王磊想练车，就找N借，N的托词无数，向王磊发了十几个帖子，都是类似于"借车又出惨事，你还敢借车吗"。当时我给王磊支了招："去租一辆车呗，也没多少钱，还不至于欠人情！"

可就在前不久，N却向王磊借车。理由是自己一家人要野游，自己的车太小，不如王磊的新车宽敞。一向老实的王磊二话没说就答应了。

大约过了一个星期，王磊还不见N来还车，就电话问N，结果N的回答是："我以为你不急着用，那我明天就还你！"

三天后，N才将车还给了王磊。拿到车的王磊傻眼了，新车的尾部有多处擦痕，而N却只字不提。等到王磊再次询问N，N却无辜地说："你也知道，我开车很小心的，这应该不是我弄的。"

王磊一下就爆了："我一共就开了三天，给你的时候还仔细地洗了一遍，你用完就这副德行了，不是你弄的是鬼啊？"说完就将 N 拉黑了。

一个人的心眼儿可以小，佳是不能缺；脾气可以好，但不能没有!

你的朋友圈里有没有这样的人："谁有某某网站的会员？我想免广告看一部连续剧。""谁有做设计的朋友？帮忙给设计个封面。""万能的朋友圈，求帮忙转发一下。"

我只是好奇，视频网站的年费会员也不过是你一顿快餐的价格，你为什么不能自己买一个？设计封面这件事，你开口之前准备付费了吗？转发广告这种事，在你看来真的是举手之劳吗？

其实，并不是每个人都是值得你去帮一把的。因为那些习惯了贪便宜的人，你想拉他，他连手都懒得伸。

对于这样的人，你只需低调远离，犯不着高调攻击!

朋友之间，互相帮忙是肯定要有的，但"帮"的本质是助其一臂之力，而不是变成他的手臂；是和他一起完成或经历，而不是取代。

比如，求助的人本来就有八分力，你只需帮他两分就够完成任务了。可他看见你伸手帮忙了，他立刻就降到五分，你就得拿出五分力去帮；等你拿出五分力的时候，他可能又降成了三分。最后，你会发现，他所谓的"帮我"等同于"你替我全都做了"。

结果是，你忙得热火朝天，在他看来也不过是举手之劳；他闲得像个甩手掌柜，在你丰富多彩的世界里游山玩水。

人与人之间，真的没有那么多的举手之劳！

对于这类爱占便宜的人，千万不要试图用道德、修养、素质、交情来"绑架"自己和他们继续做好朋友，因为你很快就会得出这样的结论：他真的好讨厌啊！

当然了，你也不要指望那些爱占便宜的人会比你早一天幡然醒悟，然后良心发现向你致歉。

坏人的策略大体是相似的，比如，一旦说出了那句著名的"对不起"之后，就说明他准备继续对不起你。

3

网上有个有意思的对话。

A 问 B："如果你中了五百万，第一件事做什么？"

B 指着手机说："打电话借钱，把所有认识的朋友亲戚借个遍。"

A 好奇地问："你不是中了大奖？怎么还问别人借钱！"

B 回答说："他们不借钱给我，我看他们到时候还有脸问我借不！"

人情的游戏规则是：你今天借了我半勺的酱油，明天我一定要送你俩笨鸡蛋。而不是将别人的帮衬当成举手之劳，然后理所当然地享用。

"求助"或者"拒绝帮助"除了脾气、个性、关系亲疏之外，还在于你的实力和底气。

敢求助的底气不该只是因为你迫切需要，而是你不怕成为别人的麻烦，因为你相信自己还得起；敢拒绝的底气是，你不怕得罪谁，因为你相信他惹不起你。

其实，人人都吃"摆架子"这一套。你细想一下，以前你短信秒回，稍有共鸣就掏心挖肺，帮起忙来热血沸腾。有多少人领了你的情，又有多少人视你的热心肠为理所当然？

以前你害怕得罪人，不敢要求，不敢说错话，怕冷场，怕被忽略，怕对方不高兴，诚惶诚恐地面对所有人。你得到相应的尊重了吗？

比如有人找你借钱，你没借给他，他大概会跟你翻脸，或者补一句："唉，世态炎凉！"然后不免诋毁你两句："你太不够义气了，我要是有一百万，一定分你一半！"当然了，他说这句话的大前提是他从来就没有过一百万，他既不知道赚一百万的艰难，也不知道潇洒送出一半的家产需要多大的决心。他所谓的"一百万"，更像是卖火柴的小姑娘划了一根火柴之后看见的。

人性的丑陋之处在于：如果你每天给人一块钱，他习惯了，一旦你哪天没给，他就会记恨你；可如果你每天给他一个巴掌，他习惯了，一旦你哪天没打了，他还会跪谢你！

所以我的建议是，当他迟到了你就先走，当你不想做就大大方方地说出来，当遇到冷场了也绝不故作喜感……当你收回多余的热情，收起不被需要的关怀，并逐渐增长本事的时候，你会慢慢发现，自己竟然被尊重了！

十

坏人的策略大体是相似的，
比如，一旦说出了那句著名的"对不起"之后，
就说明他准备继续对不起你。

脱单不如脱脂，
脱脂不如脱贫

16

1

琴子已经二十七岁了，目前在一家教育培训机构做行政助理。大学毕业她就开始做这份工作，迄今为止，工作内容和薪资水平几乎没有任何变化。

在很长一段时间里，琴子的日子过得很苦闷。平日里除了走马观花地相亲、期待着嫁个高富帅之外，她几乎没有别的盼头。

有一天，琴子私信我："老杨，你快骂骂我。"我好奇地一打听，才知道她找骂的原因是她前阵子交房租，向父母伸手要了钱。她很自责，她觉得这个年纪了还让父母操心，特别不孝顺。

琴子的父母都是钢铁厂的老员工，一辈子都勤勤恳恳，日子却过得紧巴巴的，他们都盼着琴子能早点嫁个好人家。可琴子相亲的频率远超出她不迟到的频率，微信里每年新增的优质男人数甚至比她年终奖的数额还多，可她依然还是单着。

我问琴子："我记得上次你说你在谈恋爱啊，而且是个钻石王老五呢，怎么这么快就变成单身啃老族了？"

她说："那个男的情商实在太低了，跟他聊天，就像是在教一只哈士奇做人，身心俱疲！"

我笑道："人家是公司副总，情商智商是你不可想象的，他怎么可能是哈士奇，更像是在遛你这只哈士奇吧！"

琴子回我："让你骂我，你还真骂啊。但你说得没错，我和他分手，就是因为发现他同时跟三四个女生交往！我真是太笨了，满心期待，结果发现自己像个大傻子似的被人玩了！"

我只回了一句话："姑娘，就你的现状而言，脱贫比脱单重要得多啊！"

我所谓的脱贫，不是指勉强地解决自己的温饱问题，而是还要有实力去让自己珍重的人过得安逸、舒服；不是指卑微地嫁给一个长期饭票，而是在他的家人要求你再生一胎时，可以坚定地摇头说"不"。

脱贫不是拜金，而是指你要有能做自己的本钱、敢做自己的底气。但凡是算计着如何嫁入豪门做阔太太的姑娘，多数都成了渣男的收割机，或者被当作生育的机器。

感情的事，真是急不来、求不得的。现在"没人要"总比"寻错了人"强，因为一个像是没吃饱，一个像是吃出了半条虫子。

很多女生都有"飞上枝头变凤凰"的幻想，或者嫁个"金龟婿"的梦；很多男生也会默默地想"娶个银行，少奋斗几年"……可这些都不过是一种想不劳而获的幻想罢了，等同于天方夜谭！

首先，有钱人婚前多数是会做财产公证的，这是常识；就算不公证，他也会让你心知肚明：他的腰缠万贯跟你没有半毛钱关系。

其次，有钱人更愿意直接去找门当户对的另一个豪门，这样省时省力地就能找到一个与自己三观一致、实力相当的人。这样的两个人更懂得互相尊重，不会觉得对方该做什么，不该做什么；除了身份证上的性别栏外，两个人精神和物质都富足、平等。

那么，像你这样家境一般、长相一般、能力一般、情商一般的人，哪来的底气让你一心想着要嫁入豪门呢？

很现实地说：你可以幻想有个人来照顾你一辈子，养你一辈子。但请你永远记住，经济独立才是你最应该追求的目标。因为世间万事风云莫测，谁都不是孙悟空，你喊一声"齐天大圣"，他就来了；谁也不是"都教授"，你有什么难处了，他瞬间就会出现。

只有你钱包里的人民币才能让你挺起腰杆做人，最终能让你长久心安的，也一定是你自己。

随着年纪的增长，你会慢慢地发现社交的种种不堪。因此，掌握生存的技能，踏踏实实地赚钱，认认真真地提高独立的能力，永远都不会错。

少浪费些心思跟那些八竿子打不着的人斗智斗勇，多留些精力用在赚钱和自强上。残酷的现实是：你弱的时候，坏人就漫山遍野；你穷的时候，破事就逆流成河。

2

不是所有单身的人都着急脱单，也不是所有剩女都希望有人撩，有些旁人眼中的"怪咖"对谈恋爱的热情很低，他们只想闷声发大财。

成天在男人堆里挣生活的娟子就是这样一位姑娘，她在一家金融公司工作，年薪四五十万，始终以"黄金剩斗士"为荣。

我问她："你这么能干，为什么还单着？"

她说："我问过一些玩得不错的男性朋友，他们都说我长得丑。"

我笑着说："男生说女生丑，多数是说还可以，就是性格偏汉子而已。"

她捂着嘴巴笑："天哪，那我知道我为什么没人要了，大概是，长得还凑合，但不会撒娇。别人是喝点儿酒就是梨花带雨的娇羞，我喝点儿酒就像是梁山好汉附体了似的。"

你瞅瞅，女神经体质的姑娘，什么事都能讲出"单口相声"的效果。

我又问："总在男人堆里插科打诨，难道真不怕嫁不出去吗？"

她眯着眼睛，笑嘻嘻地对我说："同事们也说了很多次，但我真的无所谓，因为我一个人过得挺舒服的。"

我又问："那你怕过什么？"

她说："也没什么太怕的，如果谁要是说我发不了财，我肯定能好几个晚上睡不着觉。"

她接着跟我讲了两件小事，再次说明了为什么她要将赚钱摆在比脱单更重要的位置上。

一次是逛商场，她看到了一件很喜欢但特别贵的限量版包包，它只有最后一件了。巧合的是，就在娟子犹犹豫豫的时候，另一个姑娘出现了，她二话没说，连贯动作是：掏卡、买单、走人……

你看，钱没了，还可以再去努力再去赚，但好看的包包被人抢光了，就永远都没机会再背上了。

原来，机会只留给那些准备了钱的人！

第二件事对娟子的触动更大。娟子的出身很平凡，父母为了供她上学已经有些力不从心了，所以与亲戚间的来往更像是"君子之交"，物质上的来往很少。所以逢年过节的，娟子去哪个亲戚家，都会是最不受待见的小朋友。

等到娟子毕业了，并逐渐在事业上取得成功之后，事情发生了一百八十度的转折：亲戚们对娟子的重视程度提升了好几个档次，对娟子父母的问候也明显多了起来。

娟子说："我倒不是多么爱慕虚荣，但被人在乎、被人重视的感觉真的很好。"

残忍的现实就是这样，十年前，别人以你父母的收入对待你；但十年后，别人会以你的收入来对待你父母。

有钱你才能在年纪轻轻的时候就过上自己想要的生活，而不是等到七老八十了才频频回首，满是遗憾；有钱才能拥有自己喜欢的东西，而不是在遇见了它时，发现钱包空空，只能尴尬地扭头走掉。

有钱才能在你伤心难过的时候去最贵的餐馆大吃一顿，而不必对着菜单上的价格斤斤计较；有钱才能在你被人抛弃后依旧住得起两室一厅的房子，而不至于流落街头、孤苦无依。

有钱你才能在面对爱情时不会因为钱和谁在一起，也不会因为钱而离开谁；有钱你才能让自己追逐诗和远方时能住一间隔音效果好一点的酒店，选一个时间合理一些的航班。

有钱的意义并非是肆意挥霍，而是拥有更多的选择；因为有钱，你可以不斤斤计较、不钻营奉承。

3

在五光十色的城市里，在汹涌的人潮中，单身的人难免会涌起尽快脱单的念头。

比如，在拥挤地铁里，你看到别的女孩子被男朋友贴心地护在怀里，而自己勇猛得像个汉子；此时背包被人堆用力地夹着，下一站就要下车了，可前面站满了虎背熊腰的男人……

比如，一个人租房子，偌大的行李箱比自己还重，搬到一半的时候已经汗流浃背了，气喘吁吁地在路边坐着休息，还要小心翼翼地躲着路人抛过来的同情眼光；刚放下行李箱，网购的衣柜又到了，可拼了好久也拼不上，最后崩溃地坐在地上……

比如，期待已久的假期到了，精心打扮了好久，刚出房门又犹疑了一下："我去哪里？和谁？"然后很快又回答了自己："算了吧，在家洗洗衣服，收拾收拾房间吧。"

比如，念初二的小妹妹对你喊："大姐姐，我好难过，同学们都有很多朋友，只有我是没人要的老女人了。"可你分明记得，在上个星期四，她还偷偷地告诉过你，前桌的那个男朋友，给她的QQ充了年费会员。

比如，最新的电影上映了，你超级喜欢，可想了半天都找不到一个能一起看的人；比如在超市的货架上看到了心仪已久的台灯，可踮起脚尖也够不到最上面那一层；比如一个人在医院里缴费、打针；比如在火车站的人海里挤出了一条路来，然后，一个人抱紧行李，警惕地看着每一个人。

单身久了确实容易得心病，比如变成"幻想高手"。

如果谁要是抽空关心你一下，你恨不得把自己免费送出去；路上不小心有谁蹭了一下你的胳膊，你连你们的孩子在哪上学都想好了……

但我还是得再次提醒你：宁缺毋滥，一定会得偿所愿；慌不择路，必然会悔不当初！

你当前的寂寞和迷惘，乍一看是缺爱，但如果有钱了，百分之九十的问题都能够解决掉。

可你每天想什么呢？中午吃什么，下午玩什么，晚上要不要追这部剧，出门要不要洗头，都十二点了怎么还没有人约，快递怎么还没到，意中人怎么还没有出现，什么时候能够腰缠万贯……

然后，充了五十块钱话费，就像是要你的命一样难过；再充五十块钱的交通卡，又跟要你的命一样痛苦；如果网上买个东西要邮费，那简直是要杀了你一样……

亲爱的，在你有一身臭毛病、一堆穷酸问题要解决之前，还是想想怎么脱贫吧。只有你不断剔除掉身上的坏毛病，积累美好的东西，你才能在遇见那个人的时候，有底气挺起腰杆，傲娇地自我介绍。

在你庸俗、穷酸的时候，还是想方设法去努力学习、用心工作，增添生活的乐趣，发现生活的美好，而不是想方设法地把自己交代出去！

至于那些你喜欢了很久但对你不感冒的人，你赶紧从他的全世界路过吧。将那些矫情、自怜的时间用在关心和支持身边的人，用在健身、读书、赚钱上。

当你变成了一颗金光闪闪的小太阳，自然会有无数的星球向你靠拢。

等你才貌双全，有钱又有闲的时候，你就可以对那个"回心转意"的男生说："你确实是个好人，但现在的我实在是太优秀了，你根本就配不上我！"

幽默是最好的调剂，
也是最高级的防御

17

1

高中时印象最深的人当属张老师。

张老师是教历史的，三十出头的年纪，却是一副不招人喜欢的老学究模样——黑框眼镜、身材瘦长，平日里几乎不跟人搭讪，但听了他一节课，我就对历史上瘾了。

第一天上课，他是这样自我介绍的："我姓张，记得我姓什么就行了，因为告诉你们我的名字，你们也不会喊。据我统计，喊我'张老师'的概率高达百分之九十九，他们全部满分毕业；另外喊我全名的那百分之一，最后都被我折磨得退学了。但我还是得强调一下，人权自由，你们随便喊。另外……"

他清了清嗓子，接着说："我希望你们记住我的容貌，这有助于提升审美能力。相信大家也看到了，我五官很普通，但我的笑容足以让你们印象深刻。毕竟别人是笑里藏刀，我是笑里藏'嘴'。我张着嘴巴笑，就满脸是嘴（皱纹）；我闭上嘴巴笑，就满脸是牙（粉刺）。"

他一边说着，一边张嘴、闭嘴，认真地给大家展示他脸上的那些"宝贝们"！台下自然是掌声、笑声一片。

讲战国，他说："年纪轻轻的都别自称拖延症、懒癌了，你们比战国时期的范雎好太多了。他是有历史记录以来，最早患有拖延症，且懒癌最严重的人。为什么呢？'君子报仇，十年不晚'说的就是他！"

有人在历史考试时交了白卷，他说："我真的很感激这几位，谢谢你们，宁肯自己考零分，也没有篡改历史！万分感激！"

讲到唐朝的婚娶风俗，他说："古代人讲的是父母之命、媒妁之言，现如今讲求自由恋爱，这都没毛病。但是……"说到这时，他走到教室门口，把门关上了。然后一本正经地说："关上门，大家就是一家人了。你们在教室里搞对象，不是自由恋爱，是乱伦！"

上课的次数多了，我和他也就小有交情。

我问他："生活中您也是这么幽默吗？"

他说："我没觉得我幽默，只是不想让我的存在变成大家的折磨罢了。生活中的我很普通的，只是比别人要乐观一些，再不满意的事，我都往好里想。记得有一次我不小心掉进水沟里了，场面糗到爆，但我转念一想，说不定刚好有一条鱼，钻进了我的口袋里。"

他的这个"转念一想"，让我终生难忘。

是啊，对生活不满意又能怎样？说的就像是生活对你很满意似的！

幽默是一种润肤膏，它能使你避免许多的摩擦和痛苦。它可以用来缓解冲突，扭转战局，让你全身而退，甚至是不战而胜。

与人意见不合，到了快翻脸的地步，不妨适时地幽默一下，事情可能就会有回旋的余地。

与恋人冷战正酣，到了提分手的程度，不妨就找个机会发个笑话，很可能就峰回路转。

一群人相聚甚欢，但你的颜值、才华、财力都不占优势，不妨用段子把大家逗乐，很可能你就是最出风头的那位。

幽默自带一股拯救的力量。生活让你出糗的时候，你要做的就是回它一个鬼脸——大不了，吐吐舌头而已。

恼火有什么用？摔的东西要自己赔。哭鼻子有什么用？妆花了得自己补。

2

幽默的人往往都懂得自嘲。

有着"汉语拼音之父"之称的周有光在自己的一百零九岁大寿上幽默地说："上帝太忙，把我忘了。"

演唱会票房惨淡，面对着为数不多的歌迷，罗大佑幽默地说："来这么好的地方听演唱会，你们从来没有这么宽敞舒服过吧？"

苏格拉底面对自己泼辣的妻子会说："讨这样的老婆好处很多，可以锻炼忍耐力，加深修养。"

面对媒体上流传的"曾有过一个双胞胎弟弟意外溺亡"的传闻，马克·吐温曾说道："最令人伤心之处在于，每个人都以为我是活下来的那一个，其实我不是，活下来的是我弟弟，淹死的是我。"

自嘲就是嘲笑自己、抨击自己，甚至是丑化自己。但这种策略却极其高明，因为对手再怎么招人烦，也会马上闭嘴；如果遇到的对手脸皮比较薄，他甚至还会反过来安慰你。

换言之，自嘲是一种更高级的防御手段，它能把自己从某个旋涡中拉回到安全地带，之前因为压力、因为被质疑、因为不自信、因为出糗而产生的焦虑、不安、失望、难过、孤独、寂寞都会暂时消失。

他不是笑话你这件事没做好吗？你就顺着接话："对啊，都说无才便是德，我一定是太缺德了。"

他不是看不惯你的待人接物的方式吗？你就告诉他："我烂泥一摊，鄙视我的人太多了，不差你一个。"

他不是嘲讽你的身材走样吗？你就接过话去："其实也有好处，比如今天下楼梯摔倒了，居然一点都不疼，幸亏有这么多肉垫着。"

懂得自嘲的人，就像是随身携带了一座避难所。

人们希望把自己美好的、精致的、正常的一面展现给别人看，把那些丢脸的、可笑的、自卑的一面藏起来。可生活是个戏剧大师，它既会编剧，也爱看戏，尤其是看你出糗。

于是，它在众目睽睽之下，让你摔个"狗啃泥"；在精心准备的生日宴上，让你意外炸发；在期待已久的榜单上让你名落孙山；又或者是你被大风吹出了搞怪的发型，被大雨浇成落汤鸡，被不靠谱的某某当众奚落……

这些难以避免又无法预料的糗事层出不穷，并逐渐"接管"了你的情绪。这些倒霉的、失落的、苦闷的、绝望的情绪就像是生活中不请自来的敲门客。它们看似无礼却有力量，看似歹毒蛮横，你撵也撵不走，推也推不开。它就站在你的心底，蛮不讲理地说："现在开始，这儿我说了算。"

你一度觉得无助，甚至恼火，觉得这是生活在故意刁难你。可事实上，人生不如意者十有八九，任何事掰开了、揉碎了说，都透着一股悲凉。

你已经是大人了，也该明白，生活本就没有"容易"二字。与其凄凄惨惨戚戚地自怜，不如"幽自己一默"，用自嘲去抵挡命运偶尔的不怀好意，尴尬僵化的氛围马上就会出现清风拂面的效果。

自嘲是幽默的最高境界。它是用贬低自己的方式来保护自己，让别人在攻击你之前就识趣地闭上嘴。

不是一路摔跤摔过来的人，达到不了这等境界。但凡是吃过苦的人，往往能够理解开怀大笑背后的酸楚，也知道自黑是面对不完美人生的最好办法。

真正的自嘲，是保持某种距离凝视自己，是将别人眼中的自己和实际上的自己进行对照，并感到滑稽、幽默，进而欣赏和接纳。这和粗野的嘲笑、无意义的讥讽、攻击性的调侃是不同的。

需要强调一下的是，当你遇见别人在难过、出丑、失败的时候进行自嘲时，既不用鼓励他，也不用安慰他，因为你安慰的"其实你挺好的"和"再努力试试看"之类的话相当于把那些他们努力在丢掉的压力、沮丧又重新拾起，并抛还给了他们。

对于此类自嘲的人，更好的策略是，"好巧哦，我也是那样"，或者说"来来来，抱抱，咱们可是同病相怜啊"。

生活本就是一幕又一幕的黑色幽默剧，身处其中的我们要学会既接纳黑色，又记得幽默。

3

这确实是一个需要幽默的时代，可惜只有极少数人能掌握幽默这门功夫的精髓。

你以为"随便动动嘴皮子，说一些不着边际的段子，抨击一下朋友的缺陷，然后让人跟着傻乐"就是幽默？在旁人看来，你可能只是一个大写加粗的尴尬。

你以为"没有话题硬找话聊，本就木讷偏要假装幽默，然后重复着说一些讲过无数遍的二手段子"就是幽默？在听者看来，你就像是一个无聊透顶的小丑。

幽默若是恰到好处，就像是喜宴开席；如果幽默得不好，就是车祸现场。

从交际的层面看，幽默的反面不是无聊和无趣，而是无礼和冒犯。

可偏偏有太多人，将粗俗至极的黄段子、无聊至极的戏弄、口无遮拦的嘴欠、没心没肺的诽谤当成幽默。他们活成了小丑的模样，还自以为是舞台上众人瞩目的谐星。

他们将"尖酸刻薄没礼貌"视为"机智幽默萌萌哒";他们永远分不清什么是玩笑,什么是嘴欠;他们最擅长把美妙的气氛搞砸,把美丽的心情弄僵;他们沉浸在自以为是的"幽默"里,却看不到自己教养的奇缺。

真正的幽默是成熟的。别人自嘲时,不会附和;别人糗了,不会掺和。对已经发生的糗事,尽可能地装作不在乎;对已经产生的囧状,尽可能地去自嘲。

这样的你,在喧闹时能旁观,在狼狈时会克制,在敌意面前会反思,在该有主心骨的时候能镇得住场,不该有的时候能心安理得躲在一旁不多话。

无论任何时候,只要是因为你开的玩笑导致别人生气了,你就应该反省并道歉,而不是反过来质疑别人:"你太敏感了。"

十

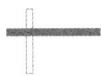

对生活不满意又能怎样？
说得就像是生活对你很满意似的！

内向的人，
不必羡慕别人的哗众取宠

18

十

1

周末去听了一个演讲，主题是"内向的人需要改变自己的性格吗？"

主讲人是位做软件的创业者，在业内也算小有名气。台上的他穿一身黑色礼服，戴着高筒帽，再加上大厅里的灯光被调得很暗，让人有种错觉，他会在演讲的某个节点变个魔术，或者玩一把喷火的把戏。

他先是讲了一个段子，说他在大学的自习室里对一位女生动了心，经过无数次的挣扎和自我动员，他鼓足勇气给女生递了一张小字条："你好，能和你交个朋友吗？我是你后桌的那个戴帽子的男生。"

大约过了五分钟，女生走到他面前，轻声说："我要走了，你要不要一起？"

然后，他说了一句他自认为是这辈子说过的最经典的话："你先走吧，我还有道题没做完……"

台下的人笑成一团的时候，他清了清嗓子，大声问："你们有没有觉得，内向的人活该没人爱？"

然后，他讲了第二个段子，说他初入职场时，公司组织了一次体检，其中有一项是验尿，每人发了一个小杯子。他当时不知道需要装多少，也羞于向工作人员咨询，于是接满了。当天体检的人很多，走廊过道里都挤满了人。他又不好意思让前面的人让一下道，于是就小心翼翼地"蠕动"前行。

当时接待他的医生是个大妈，见他端着满满的一大杯，大声问："小伙子，你是来敬酒的吗？"

台下再次笑成一团。他又大声问："你们有没有觉得，内向的人活该被人笑话？"

等到大家笑得差不多了，他再次提问："你们能看出来我是个内向的人吗？”众人齐摇头。

他认真地说：“别看我现在站在台上话很多，其实我的内心是在敲锣打鼓！”他说自己上了十几年的学，主动举手回答问题的次数为零，更别提向女生表白了。在人生的前三十年里，旁人贴在他身上的标签都是：不主动、不合群、很闷。他也曾为此苦恼过，也试图让自己外向一些，毕竟，在这个“会哭的孩子有奶吃”的时代，他也担心会因此而失去一些机会。

但是，在试图变得外向的过程中，他又发现，那些外向的人做的事、说的话在他看来都无聊至极、别扭至极，因此而产生的烦琐事情更是像枪林弹雨般向他袭来。他躲不掉，却也承受不起。如果说内向性格会失去的一些机会，那么假装外向失去的则是全部的快乐。

直到有一天，那个女生偷偷告诉他“就喜欢内向且认真的男生”，直到他闷在办公室里编了三个月的软件被某个大公司高价买去了，直到他查了无数资料、修改无数遍的程序拿到了某个大奖，直到自己独自打拼的公司小有所成了，他才明白，内向并没有什么不好，不好的是没有真本事！

交际圈子的扩建和维护，并不是建立在你夸人的技能上，而在于你

能为朋友做什么，以及做了什么；职场中的竞争力，不是仰仗于你攀谈的天赋，而是你有多少货真价实的本事，以及能为公司赚多少钱。

当然了，我们都得承认，活泼开朗的人确实会更容易讨人喜欢，相比较于坐在角落里发霉的人，谁都会喜欢那个站在舞台中央的、能说会道、左右逢源的人。

但是，如果你骨子里就是个内向的人，假装外向就会有一种东施效颦的效果。你就像扮演一个和自己性格截然相反的角色，你就像穿了一件尺码严重不合身的衣服，你行动不便，身心俱疲，哪有什么快乐可言？

你觉得一个人窝在家里看书比跟一大群不熟的人去 K 歌更快乐，那勉强自己的后果只会是：书也没看成，还在歌厅里尴尬得要死。

你觉得一个人躲在办公室里加班、吃泡面比跟着爸妈去参加大咖的酒会更自在，那勉强自己的后果只会是：你讨厌游戏人间的自己，你爸妈也讨厌不会左右逢源的你！

与其这样扎进人潮之中，假装和世界抱作一团，不如就接受了那个内向的自己。然后，默默使劲，暗自承受。

等到你做出了成绩，有了一番作为，别人就会对你讲："你哪里是内向，分明是内秀嘛！"

所以说，内向是优点还是缺点，得看你的本事有多少，就像区分"卖萌"是褒义还是贬义，得看你的长相如何。

2

在听这场演讲的过程中，我突然就想到了刘卓。

刘卓是我们大学公认的独行侠，不论是上课、自习，还是吃饭、锻炼，他都是独来独往。如果不是在一场辩论赛上看到他有理有据、声情并茂地大杀四方，我有很长一段时间都以为他是个哑巴。

平时上课见不到他举手发言，见面了打招呼都是象征性地点头示意。当别人在课堂上激烈讨论问题的时候，他总是呆头呆脑地盯着课本，一言不发；当有人为了给选修课的老师留个好印象而提一些八竿子打不着的问题时，他兀自趴在桌子上，认真地写着些什么。

当然了，推选班干部或者评选优秀学生，没有人会想到他。

直到毕业前夕，当大家都在费尽心思地增加简历的美感、个性和厚度时，他的简历还是一页普通的A4纸；当大家都在求教面试要穿的衣服、四处求问面试的礼仪和技巧时，他还是准时地去图书馆自习。

结果出乎所有人的预料，他是新闻班唯一一个被外媒录用的人。他的撒手锏是他发表过的学术论文、获奖的摄影作品、翻译过的短诗、小说，以及二十多万字的新闻评论。

原来，当别人在对娱乐事件侃侃而谈的时候，他正埋头给当天的新闻事件写深度评论；当别人在熬夜追剧、玩游戏的时候，他正在逐字逐句地翻译一部诗集；当别人在假期里挤进人海中玩自拍的时候，他正捧着镜头在街头拍摄社会百态；当别人勾肩搭背地参加各种聚会时，他正和几个同样内向但志趣相投的人谈笑风生……

原来，内向的人也有外向的天赋，只是没办法跟不在同一层次的人胡侃。

原来，独来独往不都是因为内向，还有可能是由于卓越，所以敢与众不同。

诚如猛兽总是独行，牛羊总是成群结队。

汪国真在《孤独》中写道：太美丽的人，感情容易孤独；太优秀的人，心灵容易孤独，这是因为他们都难以找到合适的伙伴。

就像太阳是孤独的、月亮是孤独的，星星却显得繁多且喧哗。意志薄弱的人为了摆脱孤独，便去寻找安慰和刺激；意志坚强的人便去追求优秀、充实个性。他们的出发点一样，结局却有天壤之别，前者因为孤独而沉沦，后者因为孤独而升华。

内向的人其实更理性，也更谨慎，不会因为有人勾搭一下，再唱几句"小兔子乖乖"，就随随便便地把心门打开。

内向的人拥有自己的后花园，园中花香四溢，满是奇珍异草，但他不会轻易对外人开放。志同道合的人可以到此一游，情趣相投的人被允许偶尔光临，而那些浮在表面的热情和流于形式的热闹，都被拒绝入内。

我希望你和谁都不争，是因为你在能力上有压倒性的优势，所以你不屑于争，而不是因为"和谁争，你都不行"！

3

很多内向的人其实本质上并不内向，只是不想跟话不投机的人聊太多。就像很多看似外向的人其实本质上是内向的，只是到了他熟悉的环境、擅长的领域，所以变得侃侃而谈，比如罗永浩。

演讲台上的罗永浩总是给人一种"话痨"的印象，但他自称是"很内向的人"。他说："参加超过五个人的饭局，我就会全身不舒服，每次饭局后回家都要一个人狠狠读一天书才能缓过来。记得去新东方当老师之前，有很多人说我：'老罗，你平时一天都不说几句话，你还能上讲台当老师？你别逗了吧！'但我不管，我内向的性格决定了我不会被别人所左右，谁说内向的人不能当老师？"

你是内向，就努力向为秀靠拢，而不是强行改变自己的性格，憋出一身内伤！

你要想在这个功利世界里获得认可，得到传说中的"人脉"，你要做的是让自己更厉害，以此作为拒绝那些无聊的人和事的底气；你要做的是让自己更有趣，以此来吸引一群志同道合的有趣之人。

至于那个用"你想要，你想要你就说，你不说我怎么知道你想要"来奚落你的人，请你继续保持对他的"语言洁癖"。

毕竟，一个见识有限、情商欠费的人是不可能洞察出你沉默不语的真实原因的。

内向的人最好的生活态度是：风大了，就表现出逆风出列的风骨；风小时，就展现出积羽沉舟的耐心！

这个世界总是这样：有人夸你有内涵，便有人说你不过如此；有人说你有个性，就会有人说你太能装；有人说你很实在，就有人说你真虚伪。内向的人，真的不必在意旁人的七嘴八舌，更不必羡慕他们的哗众取宠。

如果你每次都会因为别人的三言两语就犹疑地停下脚步，如果你每次都会因为某些人的不认可就闷闷不乐，如果你每次都会因为别人的投机取巧而唉声叹气……那你花掉青葱岁月，除了得到犹疑、闷闷不乐和唉声叹气之外，很可能一无所有。

岁月的"小人之仁"就在于此，它会慢慢让你识破生活的真相，却不会给你任何补偿！

十

内向是优点还是缺点，
得看你的本事有多少，
就像区分"卖萌"是褒义还是贬义，
得看你的长相如何。

你有多自律，
就有多美好

19

—

1

你身边有那种"就算老师不检查，也一定按时完成作业；就算
行政不做考勤，也绝不借故迟到；就算上司不监督，也会自觉做好
工作；就算已婚，生活无忧，也依然能保持好身材"的人吗？

我身边就有一位，他叫艾维。

艾维是我高中时的死党，大学毕业后去日本留学，如今在一家
日资广告公司当设计总监，前途一片光明。但是，惹人关注的不是
他的精彩游学生涯、优越的工作、美丽的日本妻子，而是他自律的
生活。

比如，他烟酒不沾，咖啡和茶不碰，日均五千米的跑步风雨无阻，每周两堂健身课一次不落。吃的是应季果蔬，喝的是白水；餐桌上顿顿有粗粮，鱼肉从不吃油炸；调味品极少，过咸过辣从来不吃……

对于这种自律到令人发指的生活方式，有人问他："明明是金字塔尖的五好青年，过的怎么是苦行僧的日子？"

他反问道："肚腩越来越鼓，以此来证明时间这种材料的营养很丰富，难道就很骄傲吗？"

关于自律，艾维比同龄人领悟得更深刻，也更透彻。他曾在一篇获奖作文中写道："在离开父母之前，我尚且可以依赖爸妈，靠一点点小聪明和一些捉摸不透的运气，然后投机取巧地活着。然而离家之后，真能让我走得远、走得快、走得踏实的，还得靠自律和勤奋。"

再转头看看我们周围，有多少刚出校门、刚结婚的男男女女们，他们腆着肚腩，双目呆滞，皮肤松弛，脚步拖沓……

他们在庸常的生活中失去了逐梦的热情，只能跟着别人喊口号"人生在世，吃喝二字"；他们在朝九晚五的工作中磨灭了个性，只能是"今朝有酒今朝醉，明日愁来明日愁"……

看到别人出成绩了，他们悔不当初："如果当初我知道，我也能做到……"上进了三秒钟就累了，又自我安慰道："至少我比某某强……"

久而久之，他们将一切的不如意归结于宿命，心不甘情不愿地念着"命里有时终须有，命里无时莫强求"。

梦游似的活着，确实也有一些事是会随着时间越变越"好"的，比如，以前你是胖，现在是"好"胖！

都说"物以稀为贵"，其实"自律"也适用于这个原则，正是因为只有少数人能做到自律，所以只有少数人的人生是无限精彩的。

很多时候，"轻松""容易""爽快"的同义词是"变丑""邋遢""落后""失控"，等于"有害"。

熬夜看电视剧、泡酒吧、逛夜店、文身、买醉……这些事情看起来很酷，但其实一点儿难度都没有，只要你有点儿钱、有点儿闲就都能做到。但更酷的是那些不容易的事情，比如读完一本书、坚持早起、有规律的健身、稳定体重等。这些在常人看来无聊且难以长久的事情才更加考验一个人，也更加锻炼一个人。

高度自律的人早起早睡，在其他人赖床的时候准备好了精美的早餐，又在别人熬夜玩游戏、追剧的时候养足了精气神；他们勤于锻炼、敢跟枯燥、无趣的生活死磕，所以才有了马甲线和腹肌，有了学富五车，所以才有了一路绿灯的快意人生。

他们始终节制着自己的欲望，以便保护自己的初心……这种对本能的抑制，给了他们某种尤雅的气质。

我的建议是，不管环境多么纵容你，都要对自己有要求。对自己有要求的人，连老天都不忍心辜负。一边随波逐流，一边抱怨环境糟糕的人，最 low！

2

见到大潘时，他已经瘦出了人形。是的，没错，一米八的大潘，从之前的两百三十多斤瘦到了一百六。

时间回到两年前，体重严重超标的大潘去医院体检。结果是，验完血糖，医生告诉他："你的问题太严重，你需要马上做进一步检查。"验完肝功能，医生告诉他："你的问题很严重，你需要马上住院治疗。"量完血压，医生提醒他："你的问题非常危险，你需要马上住院观察。你和谁一起来的？怎么没人扶着你？"……一次体检下来，五六个部门的医生相继通知他："你需要马上住院治疗。"

大潘不信，拿着体检单去给在医院当医生的朋友看。朋友只说了一句话："你要想死，就回家继续你现在的生活模式，要想活下去，就去玩命减肥！"

大潘着实被吓着了，在死亡"威胁"面前，他选择了认尿——玩命减肥。

以前，菜汤泡米饭，大潘一顿能吃三大碗，如今只能吃一小碗粗粮，还尽可能是素菜为主；以前，啤酒论箱喝，白酒论斤灌，现在是滴酒不沾。

每天拼死拼活地跑两万米，游泳两千米，到了晚上，整个人都快散了架，有两次还累昏过去了。

开始的时候，大潘跑步的感觉就像在推一辆踩了刹车的卡车，因为肚子上的肉太多，俯卧撑和仰卧起坐根本完成不了。

他回忆道："那个时候才真正地明白，财富、荣誉、人脉……

统统都是假的，只有长在身上的肉才是真的。"

我问大潘："那你是怎么坚持下来的？"

他说："就是想活，所以要跟肥肉死磕。什么励志书、励志电影，永远都不如医生的诊断书励志！"

律己之所以难，就是因为要对抗自己的天性。

吃得饱饱地躺在柔软的沙发上追剧多舒服，有人却在健身房里吭哧吭哧地流汗。

抱着被子不放弃一场美梦多好，有人却在晨曦未明的时候准备好了营养早餐。

趴在办公桌前偷偷摸摸地刷着段子多清闲，有人却在勤勤恳恳地忙碌一整天。

这样的人，哪有时间去患得患失，哪有闲心去八卦？又怎么可能胖得起来？

你的皮囊会展示你的生活习惯，你的职位能体现你的努力程度，你的魅力对应的是你的见识和才华。

一个两百多斤、浑身是病的人，往往过的是饮食不规律、作息不定时、暴饮暴食、运动为零的生活。

一个在工作上漏洞百出、得过且过的人，很可能在职业规划、人生追求上是空白的。

一个生活中谈吐庸俗、无聊空洞的人，很可能是在看书、旅行、思考上的投入严重不足。

所以，别再信什么"胖一点点无所谓"这种话了。残忍的事实是，就算你身上只是多长了三两肉，影子也会跟着大一圈！

自律的生活不是说你准备了多么详细的计划，有了多么齐全的运动装备，办了多少张健身房的年卡，买了多少本新书，报了多少个进阶学习班……

不是的，自律是从认真对待每一个当下开始的。比如，想早起时能立刻下床，想锻炼时能马上出去跑步，想读书时能读他一两个小时，不会消耗自己的时间去看旁人是否做了，不会从天气或者心情上找借口，最终将这些小细节养成一个个受益终身的习惯。

写日记给你的好处，是坚持，是反思，是从小鲜肉到老司机的人生行车记录仪；整理房间帮你过得干净，过得舒适，见证的是杂乱无章的生活到井井有条的人生的蜕变；跑步教会你的是自律，是克制，是不放弃，是死磕到底。

当这些看似不怎么要紧的事情成了你的习惯，它们就不会让你负累，而是会变成你成长过程中的万能打折卡，让你在人生的每一个战场上得尽好处。

自律是一场与别人无关，是自己发动并且针对自己的战争。

在外人看来，你是在自虐，实际上你是争取更多的自由。因为真正的自由，不是随心所欲，而是自我主宰——从控制熬夜、争取早起，到控制欲望、减轻体重，最后到控制各种不甘心、嫉妒心、得失心……

但凡是有些成就的人，都具备掌控自我的能力。他们都有铁一样的意志，军人般的纪律，或多或少的清教徒式的生活方式。

所以，还在咬牙坚持的你，还对命运有要求的你，请不要泄气。

你今天的日积月累，早晚会成为别人的望尘莫及。

把所有的"吃完这一顿再去减肥"都换成"等瘦了再吃"，你就离瘦下来不远了。只有那些把电子秤都藏起来的人，才能算自暴自弃。

3

前段时间，一位二十七岁患上癌症的年轻人在个人微信公号上写了一篇《患癌后反思》的文章，迅速引爆了朋友圈。

在这篇短文中，他写道："生病至今，我一直在思考一个问题，为什么我会得这个病？种种迹象，铁一般的事实告诉我，都是因为——我懒！""睡眠差导致我不会起来吃早餐，或者随便打发。""吃饭基本靠外卖凑合。晚上好不容易有点时间，更不想轻易结束这短暂的快乐时光，没有时间好好吃饭，没有时间好好锻炼，没有时间好好休息，也不想花这个时间。"

有多少年轻人是跟作者一样？有多少个人是自诩懒癌晚期？

空有一颗减肥的心，无奈却是吃货的命；熬夜、喝酒、暴饮暴食；能坐着不站着，能躺着不坐着，能坐电梯不走楼梯……

"懒"真的没什么值得炫耀的，一懒是"众衫小"，再懒就可能是生命缩水！

村上春树说"肉体是每个人的神殿，不管里面供奉的是什么，都应该好好保持它的强韧、美丽和清洁"。

可你呢？自毕业后，你忙于工作、应酬和享乐，不注意作息，又不节制饮食，三五年后，当年的花季少男少女逐个变得脑满肥肠、臃肿不堪、满脸横肉，糟糕透顶！

而那些少数能够自律的人，他们精力充沛，思维活跃，充满自信并且魅力十足。

他们就像是拥有某种超能力，能够轻松地躲开岁月挥过来的杀猪刀，同时还能将见识和能力都变成肌肉，结结实实地长在自己身上。

年轻的时候吃吃"严于律己"的苦头，你还能得到一种迎难而上、然后迎刃而解的快感；若是年迈时再去吃苦头，那就仅剩风烛残年、气若游丝的凄凉。

若不是画龙点睛的指点，就不要画蛇添足地指指点点

20

十

1

　　茉莉是个很有主见的姑娘，选大学、选专业、找工作，她都自己搞定。只是大学毕业了四五年，工作上渐入佳境，唯独感情迟迟不见开花。

　　一向敢怒敢言，同时又紧跟时尚的茉莉没少遭遇流言，"天天打扮得花枝招展的，一看就不是什么正经姑娘""听说她那个包五千多呢，谁娶了她早晚要败家""大冬天的衣服穿得那么少，一看就不靠谱，怪不得嫁不出去"……

　　而茉莉一概是白眼相对，不时还会反击一句："吃你们米了？花你们家银子了？用你们家 WiFi 了？"

实际上，茉莉并非嫁不出去，而是不急着嫁。每逢节日，办公室里就她收到的鲜花最多，而她一概是看都不看就直接扔垃圾桶里了。除了工作能力和相貌出色之外，茉莉还很有生活情调。比如，她做的秘制酱牛肉丝毫不亚于酒店的大厨，她的素描作品并不会比专业画师逊色，甚至唱歌、插花、茶道，她也很有品位。

可以毫不夸张地说，哪个男人能娶到她，都会被众人认为是"三生有幸"！

大约半年前，茉莉嫁了。但除了家人之外，几乎没有人看好这段婚姻。因为在旁人眼中，姿色、眼光都很高的茉莉是一定会嫁入豪门的，可如今却嫁给了一个既买不起房子，也买不起车子的人。

于是，指指点点的声音又出现了。"会不会是未婚先孕，所以着急出嫁""大概是觉得自己年纪太大了吧""这是脑子发昏了才会做这样的选择"……

但凡见过茉莉男朋友的人，都会相信茉莉做了无比正确的决定：他会开无厘头的玩笑，能放下面子去讨好茉莉，能在她忙得不可开交的时候做一顿烛光晚餐，也能在节假日为她安排一个妥帖的假期。因为有他的存在，茉莉的烦恼能轻松被消化，快乐能被快速放大，每一天都能过得生动。

　　茉莉说："我给这段感情打一百二十分，那二十分是对他带给我的幸福、成长、视野的感谢。"

　　原来爱情，不是张嘴就来的海誓山盟，而是体贴入微的立即行动；不是一辈子都用不完的金山银山，而是憨直地用心讨好，倾其所有，只为博尔一笑。

　　值得不值得爱，该不该选，每个人的标准是不同的。但大致可以总结如下：有钱人最高级的爱是花时间陪你，穷人最高级的爱是舍得为你花钱；年轻人最高级的爱是对你有耐心，中年人最高级的爱是依然腻烦着你；文艺青年最高级的爱是愿意陪你过平凡普通的生活，普通人最高级的爱是平淡岁月里突如其来的浪漫……爱情的贵贱其实没什么标准，他愿为你去做那些你喜欢的事情，就弥足珍贵。

　　所以，你真的不要担心"谁谁谁的年纪那么大，为什么还嫁不出去"，也不必操心"谁谁谁的条件那么好，怎么嫁了个这样差劲的人"……

　　我的建议是，不要用你的七嘴八舌去打搅别人的幸福快乐。也许在你看来是辛苦的、是错误的，但在别人那里很可能是甘之如饴、是幸福绵长。

如果做不到排忧解难，就不要给人添堵；如果你的建议不是画龙点睛的指点，就不要画蛇添足地指指点点。

2

这个世界处处都有苦口婆心的"好人"，但这一点儿都不影响他们招人烦！

数月前，在美国加州的某个餐厅里，球星贝克汉姆一家人刚刚吃完午饭，儿子布鲁克林和小女儿在停车场里玩耍。这本来是个温馨有爱的小场景，结果一些网友看到小女儿四岁多了还咬奶嘴，就开始在网上发言了。其中有些媒体还专门请来专家写了抨击文章，说什么长期咬奶嘴会影响说话能力，影响牙齿健康。

被一群自以为是的路人说三道四，一向好脾气的贝克汉姆气炸了。他在社交平台上写道："为什么有些人什么情况都不了解，就觉得自己有权批评别人带小孩的方式呢？有小孩的父母都知道，孩子身体不舒服或者发烧的时候，父母会努力去安抚他们。大多数时候，用得最多的就是奶嘴了。在批评别人之前，请你们三思，因为你没资格批评我怎么当家长。"

很多人总是误以为自己正大步流星地走在一条正确无比的康庄大道上，于是乐此不疲地想要去指点别人的人生，改变别人的生活，就好像那些与自己生存方式不同的人，都身处水深火热之中，巴不得将他们"捞上来"，带进自己所在的"天堂"里。

于是，偏见就此产生了：别人没车没房，他就说因为别人穷；别人作息规律，生活简单，他就说别人单调乏味，毫无情趣；他得知了对方的一点信息，无论认不认识，总要以自己的背景出发以己度人。

别人穿着简朴就是太 Low，点外卖就是活得不精致，没住在别墅里就是蜗居，没开大马力的汽车就是穷酸……

他的审美观是"穿衣看 Logo，脱衣看肌肉"，他关注的不再是舒不舒服、透不透气、健不健康，而是看"made in 哪里"和"腹肌有几块"。

可是，别人是在异域探险，他是窝在家里看影碟，怎么好意思拿他的懒人沙发去笑话别人的藤萝长椅？别人是在东北看雪，他是在客厅里晒后背，怎么就能拿比基尼去笑话别人的大棉被？

他的饮食观念是"吃喝要精益求精，只有饭桶之辈才会胡吃海喝"，他关注的不再是氛围、情景、滋味，而是"档次够不够"和"食材贵不贵"。

可是，他天天吃法国大餐，哪里知道在人声鼎沸的大排档里光着膀子喝扎啤的人有多快乐？他天天吃澳洲大龙虾，又哪里晓得和一大群亲朋好友在谈天说地的同时吃着麻辣小龙虾多么有趣味？

这人世间的善与恶、爱与恨，原因往往是盘根错节、很难一眼望穿的。所以，离这样的人远一点，如果避之不及，那就对这样的指指点点装聋作哑吧。

不知道你怎么想，反正我生平最大的心愿是：那些我真心讨厌的人，千万不要做什么对我好的事，这样我就可以一直放心地讨厌下去了。

3

不负责任地指指点点，其不负责任的体现是：它们"只管杀，不管理"。

比如你正挤着地铁去上班，旁边有坐的阿姨就会"心疼"地对你说："哎哟喂，这么漂亮的姑娘，你男朋友怎么没开车送你啊？"比如情人节你累了一天回家，小区里遛狗的大妈就会"满脸同情"地跟你说："我女儿刚才捧了一大束鲜花，你怎么空手回的呢？"

当你带着无比沮丧、沉重的心，到家就开始跟男朋友吵，到最后天翻地覆、濒临分手了，可这些阿姨大妈呢，她们可不管你今天快不快乐，明天嫁不嫁得出去，她们只管自己的碎碎念有没有念叨完，只关心今天的韭菜新不新鲜，鸡蛋有没有打折。

你工作卖力，他们笑你死脑筋；你心地善良，他们笑你缺心眼；你坚持不懈，他们又笑你不自量力……

可实际上呢，这些对你指指点点的人，并不对你的人生负责。你的年终奖能拿到多少，你的爱情甜不甜蜜，你过得快乐不快乐，他们其实毫不在意。他们只是用一张不负责任的嘴巴说出一些自以为是的建议，以此来寻找存在感罢了。

生活中总是有一些闲人，习惯了对别人的生活横加指责、指指点点，他们有意无意地嘲笑着别人的努力，惊扰着别人的幸福。

他们的逻辑是："我这是为你好，所以我是对的，你是错的；我这是关心你，所以你得听我的；我这是在乎你，所以你得改，你得回到我喜欢的状态；我这是为你好，所以你就不能不领情，否则你就是自私，是无情无义。"

但归根结底来说，他们无非是在绑架他人的喜好，然后胁迫别人承认"你是对的，我是错的"罢了。

真正过得好的人，都在忙着热爱生活。只有那些过得不好的人，才喜欢用自己的无聊、庸俗、浅薄，去惊扰他人的幸福。我的建议是，赐他们一个钛合金的白眼，然后好好地过自己的生活吧！

最好的状态是：和聊得来的人聊天，享受摆在眼前的事，对自己当下的言行负责——不去别人的生活里指手画脚，也不轻易地被别人影响。

切记，别人的嘴欠最多只是无毒又无力的箭罢了，你不理它，它奈何不了你。怕就怕，你自己把已经掉到地上的箭又捡起来，往自己心口插，然后喊着："哎哟喂、这箭有毒！"

你若盛开，
清风爱来不来

21

十

1

田姑娘约我喝茶，茶还没烫开，她就焦虑地问我："老杨，怎么讨好人？"

我反问她："讨好？你欠同事人情了？还是老板给你布置的任务没有完成？"

她用力地摇摇头，疑惑地望着我。

我说："那你干吗要讨好？"

她说："因为我觉得不被大家重视，自己就像个透明人。"

原来，田姑娘去公司两年多了，还是不能和同事们打成一片。

大餐没少请，可邀请了三十多人，结果就去了三个；每逢过节，她也都会在公司群里发红包，可很多人连点都不点。而那个善于讨喜的人，似乎总是处处绿灯，平时总被大家称作"很讨厌"的人，实际上却是圣诞节收到礼物最多的，而她呢，连愚人节都没人理一下！

我笑着说："你又不是什么两面三刀、爱耍心机的人，讨什么好？如果你和他们的实力悬殊，那你的讨好无非是两种结局，一是自讨没趣，二是浪费生命。如果你是真心对人好，你会很舒服；但如果是讨喜，你会很累，还不如多请我喝几次茶！"

所谓讨喜，其实是讨来烦恼，佯装欢喜；所谓讨厌，其实是讨人喜欢，且百看不厌！

年轻的时候，我们总想着改变自己去讨好别人，从别人那里寻找存在感。可慢慢长大才明白：只有做自己的时候，才是最可爱、最舒服，也才是最值得被爱的。

比如，你迫切想加入一个圈子，可能是为了谋得物质利益，也可能是为了不被边缘化，可无论你发了多少回节日祝福短信，不论你主动买了多少次单，你依然无法被真正地接纳。

比如，你孤独得想找个知心朋友作为倾诉对象，不是限于寒暄，而是为了真正的交流，但你慢慢发现，不论你多么努力地切换话题，不论你切换了多少，最终都被无数个"哦""好吧"打败了。

当你卑微如尘时，你的谦虚会被人说成低贱，奉承会被人说成讨好；可当你高高在上时，谦虚就是有气度，奉承就是有教养。

毕竟，职场上的来往，本就没有什么慈悲可言，要么是心照不宣地妥协，要么拥有真金不怕火炼的本事。

某某同事今天看你的表情不对，你就在心里嘀咕："不就是因为中午上厕所没跟你打招呼吗？"

某某领导将你加了三天班才弄出来的策划案给否了，你就在心里生着无名火："不就是开会的时候没拍你马屁嘛！"

可实际上呢，同事今天看你的表情不对，是因为你操作的环节做得一塌糊涂，给他攒了很多麻烦；领导否了你的策划案，是因为你在细节上漏洞百出，会惹恼客户。

换言之，如果你在人品上没有缺陷，但依然无法被某个群体接纳，你首先应该检查的不是性格，而是实力；不是职业选择，而是努力程度；不是言谈举止，而是见识与趣味。

切记，没有人是仅凭讨喜就功成名就的，也没有人是因为不会讨喜而一败涂地的。成功的判断标准是你努力了多少，以及你拥有的实力有多少。

我的建议是， 好好沉淀，暗自努力，心里的垃圾情绪定期倒一倒。往往是你努力做你自己时，你身上那股特立独行的劲儿才真正招人喜欢。

需要特别强调一下，主动选择孤独的人，其实并不孤独，真正孤独的是那些拼命想要挤进人群里的人。

2

如果有"选酷"比赛，我一定敢散尽家财去举荐李果。

李果的酷，酷在"不纠结"上。她的词典里没有"如果""假如""要不""就算"之类的词语。买手机、买连衣裙、买口红，甚至连买房子、车子都是迅速决定，酣畅淋漓得像不是花自己的钱似的。

甚至就连遇见爱情，李果也是酷到没边。李果恋上 A 的时候，

A 刚失恋。李果还没等 A 恢复元气，就上前表白了，我们几个朋友拉都拉不住。某个周末，李果在微信里告诉我们，她要去向 A 求婚！我们听完都恨不得跪求她矜持一点。结果她捧着吉他，在 A 的楼下弹了一下午的《洋葱》。

到了晚上六点整，还不见有人下楼，她甩了一句："够了。"然后收拾好吉他，就喊我去吃火锅了。

我问她："说到底，你还是不喜欢他吧？"

李果一边往嘴里塞肉，一边嘟囔着嘴说："怎么不喜欢了，我连户口本都带着了，他下楼的话，我都敢跟他去领结婚证！"

她说得很大声，但我看她眼角有泪光。还没等我戳穿她，她就补了一句："这家火锅店怎么味儿变了，这么辣，眼泪都辣出来了。"顺手就擦掉了。

吃完火锅，我问："然后呢？还去求婚吗？"

她白了我一眼，说道："回家敷个面膜，睡个大觉。不能在一起就不在一起吧，反正一辈子也没多长。"

求婚事件之后，李果还是一如既往的"酷"。不仅和好友创了业，还组织了五十多人的读书会，周末就去一家书店里做读后感交流。她最怕的事情依然是陪闺密逛街，后来也遇到了几个求爱的，但都被她一一拉黑了。

我问她："不至于拉黑吧？"

她说："要么不要伤害别人，否则就做得冷酷一点。不能用'还能做朋友'去侮辱那些被自己拒绝的人。好人和坏人都想当，哪有这等美差？我很厚道的！"

李果的大部分时间都用在了创业和旅游上，在这个过程中，她终究还是遇见了男神，两个人连家长都没见，就去领了结婚证，现在正在计划周游世界。

我微信里问她："会不会太冒进了一点？"

她说："我相信我自己的本事，能够承担得了结婚的后果；我也相信我的判断，一个能用十秒钟决定去哪里玩，并且玩上十天不会腻的男人，是值得拥有的。"

一个人最酷的活法是，该努力时竭尽全力，该玩时尽情撒欢，看见优秀的人欣赏，看到落魄的人也不轻视，有自己的小圈子和小情调；没人爱时专注自己，有人爱时有勇气抱紧对方。

纠结不是病，犯了要人命。因为纠结，很多人的生活一直都是"正在加载"的状态。

假期要出门，去哪里玩还没想好，就在为穿什么犯愁。这件太花哨，那件太土气，怎么穿都觉得会被人笑话。

下班时饥肠辘辘，吃什么又在纠结。川菜太辣，蛋糕太甜，日本料理又有点贵，最后给小伙伴的答案是"随便点点儿"。

周末在家收拾冰箱，味道大的放进去会串味，不放进去就容易坏；串味了丢掉太可惜，吃掉又难以下咽……

奇怪的是，你哪来那么多需要你左挑右选、思来想去的事？就算真有这样的事，纠结能解决得了吗？纠结不仅浪费表情、耗损脑细胞，而且还会严重影响你的容貌，不信你就去照照镜子，看你纠结的时候是不是丑爆了！

别人早就不纠结的事，你纠结着；别人早就放下的情绪，你还扛着。你在思考要不要起床的时候，别人已经挎着包出门了；你在纠结这种鬼天气还要不要出门的时候，别人已经做完了第二套备选方案；你在烦恼要选哪条出行路线时，别人已经在目的地拍了两套风景照……

那你凭什么过得比别人好呢？

3

在我的印象中，上一代人行事古板，不擅言辞，还很粗鲁，遇到了什么烦心事，他们就歇斯底里地发脾气，不计后果地摔东西，旁若无人地出门骂街……

对比如今的年轻人，他们遇到烦心事，内心先崩溃，但看上去却是悄无声息的。他们能忍，心里问候了别人祖宗十八代，脸上依然挂着"很高兴认识你"的微笑；他们能装，就算是快要烦死了，也能装出一副"我好忙"的姿态玩手机。

其实呢，谁要是真碰他一下，他可能马上就想死。

对这样的人来说，长大的过程就像是在慢性自杀，每天杀掉一些天真，杀掉一些认真，杀掉一些热情，杀掉一些梦想，杀掉一种变好的可能！

比如你，一旦有人将你和别人同时作为选项存在时，你都会主动退出。所以你的口头禅往往是："没关系，你送她回家吧，我自己回家就行""没事，我自己能拿""不要紧，你跟别人玩吧"……

实际上呢，这并不是出于真心的"怕你为难"，而是单纯的"怕亲眼见到自己作为放弃的那个选项"，所以干脆一开始就将自己排除在选项之外。

说到底，是骨子里自卑，是内心太虚弱。

听不懂就问"这到底是啥"，买不起就说"有些贵"，配不上就说"那算了"。但有太多的人，听不懂也点点头，买不起说"我不稀罕"，配不上说"不过随便玩玩"。

周国平先生有过一段真实独白："我天性不善交际。在多数场合，我不是觉得对方乏味，就是害怕对方觉得我乏味。可是我既不愿忍受对方的乏味，也不愿费劲使自己显得有趣，那都太累了。我独处时最轻松，因为我不觉得自己乏味，即使乏味，也自己承受，不累及他人，无须感到不安。"

你看，真正厉害的人不仅是思想成熟，同时也有独处的底气和实力，他们所经历的一切让他们的外在变得丰满又立体，内在变得生动又夯实。

所以，还是得努力呀。都说"酒壮尿人胆"，以前你也只能借着酒精去表白，去撕破脸，如今你却能借着酒意去清空购物车，去坐过山车，多过瘾。

十

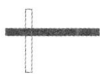

不能在一起就不在一起吧，
反正一辈子也没多长。

既要有默默付出，
也要做足"表面功夫"

22

1

大熊一口气灌下了大半瓶啤酒，然后趴在桌子上号啕大哭。

是的，他被分手了，对象是准新娘。这段长达六年零二百六十四天的爱情被画上了句号，而他们上个星期还在朋友群里讨论去哪里拍婚纱照的事情。

我问他："怎么突然就分了？"

他将剩下的小半瓶啤酒全都倒进肚子里，用力地叹了一口气，说道："她说我不爱她，说我对她的感情都是装出来的，可我连命都舍得给她。这些年来，为了这份感情，我吃了多少苦，受了多少委屈，她都看不见，她只记得我没在情人节给她送花，没在生日的时候请她吃大餐，没在去她家的时候多拎点礼物，没有给她一个求婚仪式……"

对比我认识的那个内心骄傲的大熊，我眼前的这个酒鬼实在是太落魄。他耷拉着脑袋，满嘴酒气地喊着："她就是矫情，就是矫情，不就是一个个普通日子吗？不都是普通人吗？非要弄那些假形式干什么？我爱她，她爱我，这不就够了吗？"

我接过他的酒瓶，也接过他的话："当然不够！你嘴里喊着'爱她'，可实际上呢，你什么都没做。你一点仪式感都不讲，别人就看不到你对她和她家人的尊重，看不到你对这份感情的诚意。"

对很多男生来说，仪式感可能是矫情、是铺张浪费、是无理取闹、是多此一举……但对女生来说，情人节的礼物、生日的惊喜、纪念日的小浪漫、求婚仪式上的单膝着地，这些都值得她提前一个月去准备、去期待的。这就是仪式感的重要性——它让女生在剩下的三百多天里、甚至是整个余生都有东西可以回味，并且是"想到就开心"。

强调仪式感不是女生的虚荣心作祟，不是谁没事找事地刷存在感，而是爱情本身就需要它，需要它来保鲜，需要它来装点记忆。

因为有仪式感，她才会记得某天的心动、某日的吻、某次闲游闻过的花、某天依偎时穿堂而过的风，以及躺在星空下，某人满脸温柔地说出海誓山盟的情话。

所以我给男生的建议是，不要再为自己的那点儿默默付出而自我感动了，不要将自己的自尊用在对待女朋友上，更不要将谈情说爱这么浪漫的事情停留在心理彩排上，请你务必做足表面功夫！

女生需要的，不是"每天都过情人节"，她们只想要在这庸常、无聊而且雷同的生活里，有那么几天能够看到你独独为她做些什么。这会让她确认，你是真的在乎她；也会让她心里踏实，即使日子过得不那么称心如意。

生日的时候，就算给不了她豪门盛宴，供不起顶级牛扒和好酒，但亲自下厨做一顿大餐，你总该去试试吧？虽然给不了什么奇珍异宝，但一个生日蛋糕、一个用心的小礼物，总能负担得起吧？

情人节的时候，就算送不起九百九十九朵玫瑰，那一朵总该有吧？求婚的时候，璀璨夺目的大钻戒买不起，单膝下跪总不要钱吧？结婚的时候，大排场给不了，小婚礼还是能够满足的吧？

试想一下，如果没有这些看似矫情的事和物，没有这些看似"铺张浪费"的仪式感，那么你的人生又有什么意思呢？等到你们白头偕老了，又拿什么来细说当年呢？

很多家长都会告诉自己的女儿："你要好好保护自己"，却很少有大人告诉自己的儿子："你不能伤害到别人的女儿"。

什么叫伤害？不见得是你出轨了，你在言语上攻击她了，你给她的身体造成了伤害，不只是这些，更常见的伤害是：你忽略了她的存在和感受，你对她的不再用心。

面子里子你都没给，就别说"我爱你"这种鬼话了。与其说你是爱她到死心塌地，不如说你是无聊透顶、极度自私。你在意的根本就不是爱情，也不是她，而是自己的付出感而已。

这种付出感就像你灵魂的一座庙，即使荒芜，你仍然视其为祭坛；它就像你守着的一座雕像，即使破败，仍然是你用心膜拜着的神。可你却忽略了，它是因为你才荒芜、才破败的。

在感情的世界里，信仰无法代替你本人的实际行动。就算你是真的很虔诚，但庙宇该打扫还是要亲力亲为；就算你是真的很在乎，但雕像该修葺还是要劳心劳力。

　　要是真爱，再怎么折腾都会觉得意义非凡，不会觉得累，更不会觉得丢人，倒是不爱，才会觉得麻烦棘手，觉得颜面扫地。

2

　　我认识的酷先生，从来都是扎着满头的小辫子，穿一身破洞牛仔服。他是个音乐人，更准确地说，他是玩摇滚的。

　　酷先生家里的乐器很多，那些坏了并且实在是修不好的，他都会专门为它录一个视频，然后放在网上。视频里的他会对着乐器缅怀曾经共同演绎过的"音乐生涯"，以此来跟它告别。他说："不好好告个别，会舍不得它。"

　　一个周末，我在小区门口碰见他了。让我震惊的是，他破天荒地穿着一身笔挺的西装，打着一条蓝色条纹领带，上衣袋里还装着手帕，头发也梳得油光铮亮。看我满脸是吃惊的表情，酷先生开口就问："老杨，我今天酷不酷？"

　　我点头，问他："不玩摇滚，开始玩萨克斯了？"

　　他笑着说："不是，我今天要当爸爸了，穿得认真一点，去迎接她！我希望她将来看到我和她的第一张合影时，会认定自己从一出生就是被欢迎、被在乎、被爱着的。"

"哇"，我心里好一阵感动，并且是发自内心地觉得：有仪式感的人，真的很酷！

仪式感就是把那些普通的事和物，变得意义非凡；就是用跋山涉水的时间，去期待稍纵即逝的瞬间；就是用郑重其事的态度，去表达内心的庄重。

俗话说，再甜的瓜，当你啃到皮的时候，都是不甜的。

换言之，再好的出身、再高的颜值、再大的朋友圈子，你的生活也注定会有庸俗和无聊的时候，但有仪式感的人，能把它用不那么无聊的方式展现出来。

这样的生活不会难看，这样的人生不会难过。

那么你呢？整天觉得无精打采，总说日子越过越没劲，对周围的人、事、风景、美食都提不起兴趣。

你抱怨工作太无聊，朝九晚五，尽是重复；你抱怨吃饭太无聊，一天三顿味同嚼蜡；你觉得放假无聊，不是宅在家里发霉，就是出去看人山和人海……你甚至没耐心完整地看一部电影、听一首歌。

你本想把日子过成诗——时而简单，时而精致，不料却过成了歌——时而不靠谱，时而不着调。

以前约个会，你还会花时间去精心准备一番，现在呢，社交媒体上随便一聊，就敢拜把子；微信微博上勾搭几句，就有胆量去领结婚证。

见了一次面，就敢说"我喜欢你"，聊了三句话，就敢喊"我爱你"。这样的表白和路边摊上促销皮鞋的叫喊声有什么不同？

不信你听听："走过路过，不要错过，厂家直销，超低价格，买到就是赚到……"

要我说，这根本就不是"喜欢"，更谈不上"爱"，这只不过是某种"空手套白狼"的把戏而已——企图用最少的付出得到最珍贵的感情。

人与人之间，一旦交流变得太有效率，沟通变得太过容易，不再需要翘首以盼，或者两两相望，思念、关怀和安慰，统统都会迅速贬值。

你的告白和关心变得不稀奇了，你的爱与不爱自然就没什么要紧的了。这也解释了为什么有那么多人怀念从前的那种来往方式，喜欢念"从前慢，车马慢，书信也慢，一生只够爱一人"，也喜欢传统书信里的头一句——"见字如面"。

是啊，什么都图方便、图省事儿，谁还愿意花精力和时间去爱恨情仇，去过年过节呢？

省来省去，很多人的半生就像是活在一天里。这样的活法，怎么可能过得好一生呢？

3

很多人的人生轨迹是：匆匆忙忙地走出大学校门，然后焦头烂额地在求职大军中混战，好不容易挤进了某间钩心斗角的办公室，就不得不面对朝九晚五的工作，换来一身疲惫。

然后，你在冗长和无聊的日子里，一步步地变成自己曾经非常讨厌的模样；又在慵懒却安全的环境中，一点点地消磨掉青春，任由肥肉横溢。

到底是哪里出了问题？是什么毁掉了你对生活的热情？是谁降低了你感受快乐的能力？

答案是：你越来越不重视仪式感了。

没有仪式感的人生，是很难活得高级的。关于仪式感，《小王子》里有过一段经典的对白：

对于小王子的拜访，小狐狸提议道："你每天最好在相同的时间来。比如，你下午四点钟来，那么从三点钟起，我就开始感到幸福。时间越临近，我就越感到幸福。到了四点钟的时候，我就会坐立不安，我就会发现幸福的代价。但是，如果你随便什么时候来，我就不知道在什么时候该准备好我的心情……应当，有一定的仪式感。"

小王子不解地问："仪式感是什么东西？"

小狐狸说："仪式感是经常被人们遗忘的事情。它能让某一天与其他的日子不同，让某一时刻与其他时刻不同。"

生活过得索然无味，那是因为过它的人正灰头土脸；生活过得风生水起，那是因为过它的人时时处处事事都充满了仪式感。

所以我的建议是，越是平凡普通的一天，就越要认真打扮、细心纪念，你精心地过日子，才有可能被生活奉为上宾。生活中的尖刺和成长中的不安，也才会慢慢消融。

越是长大，就越要大肆庆祝过生日，二十六岁的生日要比十三岁的时候了不起一倍以上。你看蛋糕上的那些蜡烛，它们就是你努力生活的证据。

生活越是平淡无奇，就越要嬉皮笑脸地对待它。在这个快被无聊"攻陷"的世界里，正因为你做了一些热情的、无意义的"蠢事"，才显得很好玩！

是的，岁月可以冲凉你的热血、消耗你的热情、击碎你的梦想，但仪式感却能帮你与残暴的岁月打个平手。它会发光，照亮你庸俗的生活和平淡的回忆！

因为有仪式感，生活才不会失重、不会失真、不会褪色、不会烂掉。

你不甘堕落，
又不思进取

23

十

1

几乎失联了的浩子突然微信我："老杨，有兼职可以推荐的吗？"

我很诧异，浩子可是个清高的人，当年大学刚毕业就被一家央企招去了，据说是当作"储备干部"培养，现在怎么突然"屈就"找起兼职来了？

浩子的解释是："现在的工作特别闲，上一天班，休息三天，所以想找个兼职，给孩子赚点儿奶粉钱。"

基于当年有过几面之缘，我就多问了几句他的近况。这才知道，自大学毕业后，他就在央企里"扎了根"，可惜一直是"埋在土里"——并没有什么起色，他说是因为"没有什么好机会"。

我问他："和你同时去的某某某不是高升了吗？"他的解释是："他是因为家里有人，而且善于拍领导的马屁，我不屑于那么做。"

我又问他："你工作六七年了，为什么薪酬和职位一点变化都没有？"他的解释是："我对金钱和权力没什么要求。"为了强调自己确实不在乎金钱和权力，他还讲了他在办公室里"独善其身"的事。大致是，别人喜欢拉帮结派，钩心斗角，他从来不参与，不管是聚餐还是婚宴，他都一概拒绝。他说："出卖人格的事情，我一件都没做过。可惜的是，升职加薪并不以此为指标。"

末了，他得意地补充了一句："我是一身正气，两袖清风。"

听到这，我哑然失笑。

钱不重要？能用钱解决的问题，难道你没发觉，你是一件都解决不了吗？

权力不是你在乎的？那你这么多年耗在那里是图什么？难道是想找个道德环境很差的地方来锻炼自己的品德吗？

你哪是什么正气，不过是懒罢了。正气的基础是"不虚伪"，遇见机会了就竭尽全力去争取，自认为能力不足就正视自己，然后努力去提升自己！

可你呢，分明是连竞争一下的尝试都没有，就抨击别人的功利和浅薄；分明是没能体会到职场交际的乐趣，就大肆攻击社交的虚伪和做作。

记住了，葡萄吃到嘴里，才有资格说它是酸的！

你伸手怕犯错，缩手怕错过。你怕过于主动会廉价自己，又怕过于被动会时常后悔。然后你就踌躇着，一边抱怨着环境，一边纵容着自己；一边担心着未来，一边又浪费着时间。

这和一段自白不谋而合："我曾以为日子是过不完的，未来是完全不一样的。现在，我就待在我的未来。可我并没有发现有什么变化。我的梦想还像小时候一样遥远，唯一不同的是，我已经不打算实现它了。"

一个人最丑的活法，不是没出息，而是自己选择了一个很低的位置，然后自命清高，不思进取。若有人来跟他比肩，他觉得别人是在巴结自己；若有人超过了他，他就觉得别人是攀了捷径。他从不肯承认，那是因为别人敢竞争，更努力！

当你自己没有做到时，就不要怀疑那些完成的人是弄虚作假。

如果你一直活得很 low，那么你就会一直在最底层以很 low 的姿势挣扎着。

要我说，你不过是发现自己在勤奋、自律、才华等方面比不过别人，所以才会表现出超出你年龄的豁达来，以期在道德和人生境界上打败别人！

只是，你用跳高的姿势去跳远，人生怎么可能出好成绩？

2

周同学总喜欢找我要"安慰"，而我每次都往死里怼他！

有天早上，周同学对我说："早上等车，等得我好伤心，心都碎成饺子馅了！"

我回他："哟，好肥的馅儿！"

他又说："公交车上人太挤了，我都被挤成饺子皮儿了。"

我回他："那还得再挤挤，你这皮太厚了！"

他接着说："你说这些老头老太太，不上班干吗不晚点儿出门，跟我们这些年轻人抢什么交通资源？不知道迟到了要扣满勤奖吗？"

我继续怼他："我就特别支持老头老太太早上跟年轻人挤。留那么大的舒适空间，让你在车上看《人民的名义》就对了吗？不跟你挤，你就不知道该去努力挣钱，去买车！"

要过上舒服的生活，前提是你能赚到足够让自己安心的钱。功利世界的外壳是坚硬的，你只有很努力才能让它变得柔软。

在此之前，安逸更像是陷阱。笼中鸟得到了安逸，失去的就是自由；温水中的青蛙得到了安逸，失去的就是生机。

安逸的时间久了，稍微努力一下就以为是在拼命；稍微吃点儿苦头，就以为是要了自己的命。再发展下去，你就会变得学不进去，玩不痛快，睡不踏实，吃得特多，浑身没劲！

所以，你应该将安逸当作你此时最大的仇敌，因为它正在一点点地偷走你的时间、品格、能力和机会。

遇到问题了，你不去想怎么解决，首先想到的是，怎么逃避、怎么推卸责任。比如，装作没看见，假装不知道，要不就是信口雌黄地说"这个不归我管""不是我的错""因为……所以……"等，这些理由让你心安理得地保持一个较低的水准，自然也就失去了成长的机会和变优秀的可能。

解决问题时，你习惯了否定性思维。"那不可能""我也没办法""怎么会""反正我不喜欢"这些词会诱使你的大脑停止思考，让你不停地为自己找理由，而不是为问题找答案。

遇见有人给自己提意见，你是一句都听不进去，总觉得自己是对的。这样的后果是，谁也不愿意再给你提意见了，而你再也听不到真话了。

对待工作的态度是，不给钱，你就不干活，钱给的不够就少干活。久而久之，你的怨气越来越多，钱越赚越少，赚钱的能力也越来越弱！

这样下去的结果必然是：别人被人赞美和铭记——"任何为人称道的美丽，都不如第一次见到你"；而你是被奚落和嘲笑——"任何为人称道的美丽，都有 P 过的痕迹"！

别人得到的是甜言蜜语："就算大雨让这座城市颠倒，我会给你怀抱"；而你只能是："就算大雨让这座城市颠倒，公司照样算你迟到"！

你本想着，要赌上所有的好运气，把自己变成一枚响当当的咸鸭蛋——闲（咸）得要死，富得流油；结果却是，赔光了所有无忧无虑的好时光，耗尽了敢爱敢恨的勇气，之后活成了一头呆萌的小黄牛——既不能心安理得地虚度时光，还穷得只能吃草。

有没有这种可能？上帝为你关上一扇门之后，大概是去睡觉了！

3

念高二的小虫子在微博里向我吐苦水，说她的同班同学排挤她，理由是她不逃课、不抽烟、不玩游戏……她觉得很痛苦，很迷茫，想转学。

我问她："你的成绩怎么样？"

她说："班级的中下游徘徊，我想学好，可大家都不学。"

我又问："你的身材怎么样？"

她说："小学的时候得过病，现在很胖，经常被人笑话。"

我问了第三个问题："转学是为了什么？为了换一个新环境，然后你突然就能变得招人喜欢，还是换一堆麻烦事，然后你继续不招人喜欢？"

她默不作声了。

亲爱的姑娘，逃避问题并不能消耗卡路里。

你只想改变环境，而不是想改变自己。你空有一颗不甘堕落的心，可你用的却是不劳而获的歪心思。

如果你面对成绩的问题、交际的问题、减肥的问题时的对策和你碰到数学难题、不认识的英语单词、难背的古文诗词的对策都是"放弃"，那么你转到哪个学校，都不会招人喜欢！

人类普遍存在的问题是，都是天才的策划人，却是低级的执行者！以至于经常是，想得太多，做得太少。

不喜欢现在的学习环境，可你有努力学习吗？不喜欢这帮朋友，可你有让自己变得更像是个值得交的朋友吗？

你只是浮躁地迷茫着，拼命地武装自己的内心，却俨然一副受过气的海盗模样。

其实，你搞错了重点，你需要的不是新的环境，而是全新的自己。

与其跟这些人斗智斗勇、闪转腾挪，不如兀自努力，将时间和精力用在让自己变优秀上。当你有了随时能跳出自己厌恶的圈子的能力时，这些烦人的人和事就没有机会出现在你的世界了。

人是一种奇怪的物种，不是非要经历了大是大非、大风大浪才会觉得绝望，常见的现象是，很多人会无端地自然冒出来一种莫名的绝望感。

比如你会在闺密的婚礼现场突然失落，"为什么别人都过得那么好，只有自己糟糕得不像话？"

比如在同事的颁奖典礼上，你会觉得备受打击，"没有什么优越感，光是为了活着，就已经用尽全力。"

比如听到了几句无足轻重的批评之后，你会负能量爆表，"自己什么都不会，除了困、饿、累、烦！"

诗意的说法是，"我年华虚度，空有一身疲倦"；大白话是，"忙起来觉得什么都不缺，闲下来却发现什么都没有"。

要我说，你还是太年轻了，不知道所有命运馈赠的礼物和痛苦，其实早就在暗地里标好了价格。

你慢慢就会明白，生活不会因为某个地点的变化而突然变得顺风顺水，也不会因为某个人的出现而带给你一个崭新的未来。未来的幸运，都是此时自我改变的结果，是过往努力的积攒。

所以，在迷茫的时候，你还是让自己忙起来吧。

忙碌的感觉特别好。你会觉得没辜负早上化的妆，中午吃的牛肉饭，昨天晚上熬的夜……

4

我总是强调，人应该对生活有要求。可惜有太多人是"严格要求别人，充分惯着自己"。

比如，新买的小白鞋，拿到手的时候如果哪个地方有一丁点儿污点，那必定要气急败坏地找卖家理论，费时费力地换货、退货，至少至少，也得给个差评或数落他们几句。

出门的时候更是眼观八路．耳听四方，小心谨慎得就像是"全世界的脚都在预谋要踩你"……可没过半天，你就穿着它在满是泥泞的小道上，和恋人天真烂漫地踏青去了。

新买的手机，第一次磕破的时候，心疼得快晕过去了，至少至少，也会想着给它贴个防刮的手机膜和防摔的手机套。可没过半个月，从书桌上掉下来，从床头掉下来，跑步的时候掉到跑道上……管它呢！摔就摔吧！

新买的车，头两个月，细心得像是照看一个婴儿，刮了碰了难受得想抽自己两巴掌，下雨下雪的时候总记得给它蒙上车套，太阳太烈的时候，恨不得亲自去给它撑把伞，至少至少，一个礼拜也会去洗一次车。可没过半年，"脏点儿就脏点儿吧，没准明天就下雨了""刮了就去修呗，磕磕碰碰才是人生"……

你看，讲规矩的是你，破坏规矩的也是你；斤斤计较的是你，满不在乎的也是你；小心谨慎的是你，漫不经心的也是你。

总之，别人绝不能犯错，自己随时都能免责。

这么赤裸裸的双重标准，会不会太过分了点？

要我说，你所有的低气压，都是因为你对自己太好了，好得就像要追自己似的。

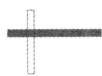

十

葡萄吃到嘴里，

才有资格说它是酸的！

少点套路，
多些真诚

24

1

腾公子出身于书香门第，父亲是一位退休了的大学教授，平日里的消遣很少，无非是宅在家里看书写字，逗猫遛狗。

就在上个月，腾公子和朋友准备"热血一把"——买了两张重金属摇滚音乐节的 VIP 门票。可就在音乐节开始的前两天，这个朋友出差去不了。腾公子本想转卖出去，可他的圈子里很少有人喜欢这个类型的音乐，更别说买四千多元的 VIP 票了。

于是，腾公子随口问了父亲："你要不要去？"还特别强调了一下，"重金属音乐，就是很吵的那种。"结果，老学究父亲竟然满脸惊喜地连连点头。

音乐节开幕那天，腾公子在家门口等了父亲很久。等到父亲出现时，腾公子被父亲惊呆了：炫酷的大墨镜，皮外套配紧身牛仔裤，外加一双复古皮鞋……

在去的路上，腾公子一边教父亲一些降低噪声的小技巧，一边教他怎么摆 rock 手势，父亲认真地学着，俨然二十几岁的热血青年的模样。刚进会场，父亲就开启了"自拍狂人"模式，一度吸引了一些打扮时髦的姑娘前来合影。而整个音乐会，父亲是全程跟着音浪一起摇摆……

说到这，腾公子叹了一口气说："我本是随口一说，很套路地问一句，结果竟看到了一个我完全不认识的父亲——原来，在他老气横秋的外表下藏着热气腾腾的灵魂……"

是啊，你在逐渐长大，而父母却在逐渐老去，你曾为了自由而期盼脱离他们的"掌控"，你曾肆无忌惮地在网络上调侃父辈们的套路，你曾对他们不近人情的教育方式感到绝望，对他们变着法的催婚、催生感到厌烦，但你却忘了，你自己也在习惯性地玩套路——随便问问"要不要"，随口说说"等我有时间了"……

可你没料到的是，你的随口一提，在他们看来，更像是"盛情邀约"！

无数人都在重复着这样的"悲剧"：你花了一辈子的时间，等着父母为他们的过去向你道歉；而父母则花了一辈子的时间，等你说一句"谢谢"。结果是，你和父母，都没有得偿所愿。

五岁半，你指着玩具大飞机对妈妈说："长大了，我带你坐大飞机，想去哪里就去哪里。"

八九岁的时候，你指着不及格的试卷对愁容满面的爸爸承诺："下次我一定得满分！"

十几岁，你站在校门口，对即将告别的父母说："放心，我在这里一定好好学习！"

二十几岁，你选择了异地他乡，说是"为了梦想"，你对电话另一头的父母说："你们要照顾好自己，我有时间了就回去看你们。"

上个月，你拿到了第一份大额奖金，兴奋地对屏幕里的爸妈说："你们平时多锻炼身体，年底我带你们去夏威夷晒晒太阳！"

上个星期，你心仪的人向你告了白，你甜蜜地对着视频里的爸妈说："最近还学会了做酸菜鱼，等你们来看我的时候，我天天做给你们吃。"

这些你信手拈来、脱口而出的诺言，都还记得吗？

可现实是：你自己的生活正在触底，什么时候反弹还不知道，自己去哪里都是长途火车，哪有时间和人民币来兑现"带你坐飞机，想去哪里去哪里"的承诺。

你后来也没有哪次考试得过满分，光是为了及格就已经竭尽全力；大学更是浑浑噩噩，根本就谈不上"好好学习"，更别说让父母放心了。

你断断续续地谈了几次恋爱，但都是无疾而终；你踌躇满志地换过几份工作，也都是一事无成。

你享有很多法定的假期和公司福利，可"回家看看"从来都是想想而已。老妈的广场舞跳得越来越好，老爸的太极拳也打得有模有样了。是的，他们已经准备好了你要求的"身体条件"，可你连去哪里玩都还没想好。

至于那道"天天做给你吃"的酸菜鱼，其实就做了那么一次，而且是给恋爱对象过生日精心准备的。后来父母不远千里来看你时，你下楼去打包了一份，根本就想不起来要亲力亲为……

子女是有多残忍呢？
你啊，从未是他们的骄傲。可他们依旧视你如宝。

任他人爱你如视宝藏，也没有任何一份感情，能与父母的爱等量齐观；任世间有繁华胜地，也没有任何一个地方，能和家相提并论。

2

"真想当一回泼妇！"

看到微信里的这一行字时，我很难将它与向来温顺的黄小婉联系起来。

原来是这样的，和小婉同一届的某男生在半个月前追求过小婉，但被小婉拒绝了。本来事情就结束了，可小婉昨天发现，这男生正在追自己的室友。看着室友晒出的礼物、表白情话，小婉就炸了。

我问小婉："这是生哪门子气？该不会是吃醋了吧？"

小婉说："吃什么醋啊，我是觉得吃到苍蝇了——恶心！他送给我室友的那些礼物、表白的话和当初追我的时候是一模一样的！室友天天抱着睡觉的那只大熊，就是当初我退回去的。"

我说："那又怎样？"

小婉答道："就是因为不能怎样才窝火。首先我知道他玩的全是套路，他追求我的时候就是同时追两三个女生。可我又不能现在就向室友拆穿他，因为她看上去很开心，拆穿了就好像我是在嫉妒她，可不拆穿吧，我又担心室友被他当猴给耍了……真想骂人！"

我说："其实怎么做你都知道，要么去一五一十地告诉你室友，要么就由着她去甜蜜，但无论如何你自己都不能炸，恼火就好像是自己喝了毒药，然后指望别人痛苦。多可笑？"

类似这样吃到苍蝇似的恶心事时常会发生，因为人的出厂设置本就存在 bug。不论你多么独立，内心还是渴望被人在乎、被人抚慰、被人懂得……所以当有人来对你笑、对你嘘寒问暖的时候，你自然而然地就会一步步沦陷。

于是，他一时的寂寞，成了你日夜盼望的依赖。你以为那些准时抵达的早安和晚安，都是他的深情，其实只不过是他无聊时的消遣；你以为他从未缺席的节日邀约是痴心，其实你不过是他众多邀约对象之一；你以为他是此生再难遇到的灵魂伴侣，其实你只是他低成本换来的备胎。

爱情里的成熟，不是说你从今往后不再爱上什么人，而是你拥有了分辨的能力，听得出别人嘴里说出来的"喜欢"和"爱"，是不是真的！

在这个社交媒体越来越发达的时代，网络大大降低了玩套路的成本，也大大提升了"撩人"的成功率。

只是玩套路的人要明白：每个人都是世间独有的料理，你用敷衍的方法，就别怪最后只尝到敷衍的味道。

面对感情，最好的开始是，"我们各自都把自己照顾好，好到遗憾无法打扰"。

毕竟，在成人的世界里，人与人之间本就是彼此揣测着，掂量着；本就分不清魑魅魍魉，是否善类；本就是避之不及，措手不及……如此来说，能有三五个知己、三两个至交、一个真心人，真的要知足。

有缘自会坦诚相见，无缘何必口是心非？

3

好几年没联系的 Andy 突然加我微信，让我帮他编个凄惨故事，唯一的要求是"越惨越好"。

Andy 是我大学时的"摇滚巨星",除了参加学校里面的各种文艺会演,他还有自己的乐队,毕业之前还在学校里举办了个人演唱会,场面很火爆。这一次,他要参加一个选秀节目,除了歌曲要求原创之外,还需要"有故事"。

我问他:"那你先给我一些基本的材料吧。"

他磨蹭了半天挤出了这样一段话:"我没有故事啊!我很顺,没堕落过,也没怎么太出色过。出生在小康家庭,不丑也不帅,没受过什么大的挫折,也没做过太惊天动地的事情。我一点传奇的色彩都没有!"

我说:"你上台就说这段话啊,哪来那么多的苦难,哪来那么多的逆袭,都是套路罢了。你真诚一些,说不定更打动人心。"

后来我才知道,他没听我劝,而是编了一个"父母双亡、做了几年流浪歌手"的烂俗故事。

我倒也理解他,毕竟很多观众都更喜欢听这种类型的故事,洒下点眼泪,献出点掌声;导演也愿意树立这样"因为凄惨人生而励志逆袭"的典范,就像是在说 只有经历这样坎坷的人才配得起"摇滚"二字。

可惜的是,他后来也没有太多的起色,大概是"惨"卖得过了,而音乐的修为跟不上。这毕竟还是音乐比赛，不是故事会。

真要比惨，谁都能抖几箩筐的惨事来，谁都能演几出《窦娥冤》的戏码来。只不过，有人选择了蒙混过关，将套路当作捷径去走；还有人选择了咬牙坚持，将套路走成了出路。

认清社会的套路却不痴迷于套路，一定比偷懒耍滑好；识破生活的小伎俩却不对其失望，一定比自甘堕落强。

有钱人告诉你"钱不是万能的"，长得好看的人总喜欢说"长得好看有什么用"，瘦子们总是说"胖一点好，更健康"，成功的人经常说"努力并不是决定性因素"……

信用卡广告告诉你怎样去过买买买的人生，却鲜有人提醒你"信用卡刷爆了该怎么办"！

功成名就的大佬们提醒你人脉何其重要，可鲜有人告诉你"欠了人情拿什么还"！

旅行社怂恿你"来一场说走就走的旅行"，可没有人示意你"说走就走之后的吃土生活该怎么过"！

他们只是随口说说、随便秀秀、随意逗逗的套路，你却都认真地信了。

于是，你在一无所有的年纪将"谈钱"视为庸俗至极的事情，将赚钱当作可有可无的事情；你在本该处于颜值巅峰的年纪，活成了一个只会玩手机的胖子；你在本该奋斗的年纪，选择了投机取巧，盼着"少劳多得"，甚至不劳而获……

我们得承认，这确实是一个充满套路的世界。

邻居家的阿姨在显摆完她家孩子的荣誉证书之后，会满脸真诚地对你妈妈说，"你家孩子很有灵气很聪明，就是不好好读书"。

咬着烟的老板在说完年终总结之后，会语重心长地对你说，"你还年轻，不要太在意钱的问题，年轻人多吃点苦，咱们公司机会多的是"。

盯着游戏的男朋友在去上洗手间的空隙认真地对你说，"亲爱的，以后我会娶你，我们会有家和自己的孩子"。

刚刚挖苦完你的同事某某会一本正经地跟你说，"我说话直，你不要介意"……

世界有它的套路，这是普遍现象，但你要有自己的打法。比如看透人情却不世故，褪去稚嫩依旧单纯，遭遇冷漠还能依旧热情。

记住，在这个智商严重过剩的年代，走心才是唯一的技巧！

我还想强调一句，套路本身没有问题，缺乏诚意才是问题。

很多套路都是功利社会的游戏规则，是维持社交正常运转的基础，无非是表面功夫做得很到位，比如做事周到，办事体面，它其实是包含有"礼貌""尊重"和"强调人情"等多重含义的。

换个问题，你难道不喜欢那些套路做得很足，同时事情又做得很到位的人吗？

十

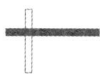

在这个智商严重过剩的年代，
走心才是唯一的技巧！

你是在谈恋爱，
还是在发神经

25

†

1

趁着周末，我准备去电子城买一个单反镜头。在店里闲逛的时候，听到一个姑娘向店老板吐槽自己的男朋友糟糕到极点的摄影技术。

姑娘说："别人用单反，他也用单反，可他拍出来的还不如手机拍的。我想要街拍的感觉，他可以把路人甲乙丙丁都拍得很全，就我是半个身子出境；我想要小清新的风格，他就把野花野草都拍成了实的，就我是虚的。唯一一张清晰的吧，他拍出来却像大妈……歪歪斜斜的一点儿构图都不讲，更别提什么光啊、白平衡了！"

每说一句，她就生气地跺一下脚，激动得就像是窦娥遇见了包拯。

老板安慰她："估计是新手，不会拍很正常！"

姑娘说："新手就不要吹牛说自己是摄影达人啊！原本期待已久的二人旅行全被他给毁了。"

老板平静地对那姑娘说："不是每个人的男朋友都必须是摄影师，就像不是每个人的女朋友都是模特。孩子，他爱你就知足吧！"

姑娘继续着她的絮叨："他以前是爱我，现在没觉得了。以前出门总会想方设法地逗我开心，找美食、找好玩的去处、说开心的段子……现在只是敷衍我，不是在玩手机，就是沉默。还有加班的时候总不回我消息，以前每次都是秒回……"

没等她说完，老板就说"看顾客"，便走开了。

我真想多管闲事地插句嘴：不是他越爱越少，而是你在爱里越要越多。

情感专家提醒我们，爱情是荷尔蒙的产物；生物学家进一步解释说，这种分泌物是有期限的，最长不过是十八个月。

那么有谁告诉过你，当荷尔蒙用完了，当激情褪去之后，爱情是什么？

悲观的答案是：是怨声载道，是互相抬杠，是撕去了所有的面纱、光环、装饰之后，看到的另一个赤裸裸的躯体；是拿去情感、学识、教养之后，看到的另一只穿衣服的猴子。

而积极的答案是：是两个互相迁就的灵魂，在同一个时空里交换见识、分享观点，是两个独立精神的换位思考与推己及人，是两种不同人格的自我克制与迁就。

要我说，爱情是上天的某种恩惠——你应该感谢在这个自顾不暇的年代，尚有幸同行！

那么你呢？陪着你的时候，你总是摆出一副"你快点来讨好我"的姿态，谁愿意爱你到老？跟你聊天的时候，就像是在做"阅读理解"，谁乐意陪你聊下去？

问你想要什么？你气鼓鼓地觉得别人不真诚，要不就是赌气给出两个字"随便"。问你喜欢什么？你扭扭捏捏，半天挤出来两个字"你猜"。

这些问题的难度无异于，你在心里放了一千多只羊，然后让他找到你心仪的那一只。

别人既要照顾你的饮食起居，又要在乎你的喜怒哀乐，同时还得摸索出来你爱吃哪个菜系、喜欢什么风格的礼物、想要去哪个地方吹风……

比这些更可怕的是，你自己都不知道自己喜欢什么、想要什么。就像你不知道你心里的那一千只羊哪只是自己中意的一样。于是，你今天说喜欢有角的羊，明天说喜欢毛很长的羊，后天说喜欢跑得快的羊，大后天说喜欢长得肥的羊。最终你的答案是：我喜欢那只有角、毛长、跑得快、长得肥的……

在你的眼里，恋人永远都有问题，不是这里，就是那里，反正永远不会是你想要的样子。

詹迪·尼尔森曾说："遇见灵魂伴侣的感觉，就好像走进一座你曾经住过的房子里——你认识那些家具，认识墙上的画、架上的书、抽屉里的东西。如果在这个房子里你陷入黑暗，你也仍然能够自如地四处行走。"

可如果遇到的是"假灵魂伴侣"，那就刺激了。那情形就像是：

你被绑住了双手，蒙上了眼睛，然后推进种满巨型仙人掌的迷宫里！周围的广播在不断地提醒你：只要你足够勇敢、足够有耐心，你一定能找到出口的。

末了，它补上一句关心的话："亲爱的，祝你好运。"偏偏最重要的那句"后果自负"，它只字不提。

2

一个脑袋简单的姑娘，在读完堂吉诃德的故事后，就跟她男朋友说："我要一匹白马，还有长剑，我要去闯荡天涯。"

他男朋友回答说："好呀，去吧去吧，我会尽快给你准备一匹漂亮的白马，一套好看的骑行套装，然后还会在你的背包里装满零花钱，另外再准备一大包的巧克力和坚果，游戏机、照相机、登山鞋全都装进旅行箱里，哦，还有，再定制一把长剑，让你背着。来来来，伸伸胳膊，我看多长的剑比较适合你……"

还没等男朋友说完，这姑娘就抢着说："你……你……真的觉得我会去吗？"

男生温柔地说："你异想天开的时候那么可爱，我怎么舍得打击呢？"

你看，不在别人最高兴的时候"灭嗨"是一种美德。

在兴奋的时候，人就容易说出一些不着边际的话，善意的顺从并不是欺骗，而是保护。因为这种基于情怀说出来的"胡话"，更像是一朵脆弱又美丽的小花。它是一个人在平凡生活中的英雄梦想，它是一个人在庸俗世界里的快乐源泉。

可惜的是，在我们周围总会生活着一群以"灭嗨"为己任的物种。

比如，你换了一款自己喜欢的化妆品，他就说颜色不正，品牌知名度低，可能会伤皮肤；你鼓足勇气穿上了从来都不敢穿的丝袜，在得到众人表扬的时候，他来一句，"哇，你腿好粗"。

你花了一笔不菲的投入烫了新发型，换了新品牌的大衣，他说这个不适合你，那个不好看；说颜色不配你，领子衬托不出你的气质；你买了一台新车，他就开始列举驾车的危险，他身边谁谁谁开车出事了……

　　对于这种喜欢"灭嗨"的人，最好的招数，是当他缺心眼。其实也不是当，而是相信他就是缺心眼。

　　那么你呢，你有没有当个"话题终结者"呢？

　　比如，他半夜里想到什么某个好点子，想找你说，你可能不耐烦地回了一句：都几点了？能不能行，有什么事不能明天再说吗？

　　比如，他在公司里策划了一个得意的活动，满心欢喜地回家跟你讲，你只是回了一句：嗯，挺好。晚上我们去哪吃饭？

　　比如，他选了一件自认为很好看的外套，拍完照片发给你看，你回了一句：挺好，下午六点的电影，别迟到了。

　　比如，他被某个三观不合的同事气得够呛，就回家向你倾诉，你回了一句：多大点儿事！

　　我的建议是，有人愿意与你分享时，请注意倾听。不要急着表现自己的聪明能干，也不要急着去下自认为英明的结论。绝大多数的倾诉，需要的是共鸣，而非人间至理。

　　所谓"合适的人"，就是遇到一个聊得来的伴儿。

　　"聊得来"就像是丘比特的箭，一个眉眼带笑，就能让两个曾陌生的人爱得死去活来；聊得来是情感的润滑剂，任它时光匆匆，前路坎坷，你们依然是羡煞旁人的灵魂伴侣。

爱情很弱智，你要学会帮衬，就像抵抗冷空气，不能只靠头发和眉毛。

3

不被人理解，或者理解不了别人的时候，先要把心打开，把话聊开。而不是带着怨念说：'嗯，找事的总是我，没办法的总是你"，或者带着情绪喊道："我错了行了吧""对对对""行行行""好好好"……

在现实生活中，"我都道歉了，你还要怎样？""那就当我错了，行了吧？""真是对不起你了啊，呵呵！"类似这样的话更像是在宣战。

你要么就别道歉，要道歉就最好是真心的。别觉得自己好像道个歉有多了不起似的。

再说了，并不是所有的事情都能通过道歉就立刻解决。谁的身上都没有情绪开关，一摁下去就马上烟消云散。

我多年的研究结果表明："对不起行了吧"是"对不起"的反

义词;"行行行"等于是说"不行";"好好好"等于是说"不好";
"对对对"等于是说"不对"……

　　很多误会的产生和加深,就是因为一个没说明白,一个没听明白,两个人就急着表露态度。

　　你想要表达的可能是一间房子那么多,可你能用语音组织的只有一张桌子那么多,然后说出口的只有一个抽屉那么多,别人听得懂的很可能只有抽屉的把手那么少了。而对方反馈出来的,却是房门之外的大千世界。

　　这样的聊天就像是在做"看图作文"题,不出偏差才怪呢!

　　如果有人误会了你,那是他的错,但你不要拉下你的驴脸,又或者用带有明显情绪化的词语来和他"交流",以表达你的强烈不满,这样做只会让问题越来越糟。

　　你真想解决问题,就请用平和或调侃的态度让对方明白"这只是个误会",结果很可能是,他会加倍地忏悔并改正。简而言之,他是错了,但你不能因为他错了再用"另一种错误"来反击他,这样只会让彼此错上加错。

你不能满嘴说爱，却面露狰狞。

经常听到有人说："一辈子很长，要和有趣的人在一起。"我特别想问一句：有趣的人为什么愿意和你在一起？

难道就因为你呆、你木、你无聊，所以他们就得将自己的美好生活分你一半？难道就因为你想得美，所以他们就得将自己的那个热气腾腾的世界割一部分给你？

我的建议是，在认识有趣的人之前，先让自己变得有趣、丰盛、温和一些。

切记，你遇不着美好的事、找不到有趣的人，真的不是老天作对，或者别人瞎了眼，恰恰是因为你还不够好，所以他们都在躲你！

图书在版编目（ＣＩＰ）数据

好看的皮囊千篇一律，有趣的灵魂万里挑一 / 老杨
的猫头鹰著 . —北京：现代出版社，2017. 12
　 ISBN 978-7-5143-6564-1

　 Ⅰ . ①好… Ⅱ . ①老… Ⅲ . ①成功心理—通俗读物
Ⅳ . ① B848. 4-49

中国版本图书馆 CIP 数据核字（2017）第 251900 号

好看的皮囊千篇一律，有趣的灵魂万里挑一

著　　者	老杨的猫头鹰	
责任编辑	赵海燕　　毕椿岚	
出版发行	现代出版社	
通信地址	北京市安定门外安华里 504 号	
邮政编码	100011	
电　　话	010-64267325 64245264（传真）	
网　　址	www.1980xd.com	
电子邮箱	xiandai@vip.sina.com	
印　　刷	吉林省吉广国际广告股份有限公司	
开　　本	880×1230　1/32	
字　　数	141 千字	
印　　张	8.5	
版　　次	2017 年 12 月第 1 版　 2019 年 4 月第 15 次印刷	
书　　号	ISBN 978-7-5143-6564-1	
定　　价	39.80 元	